U0143567

可编程
控制器
原理及应用

闫 纲 主 编
陈东鹤 岳殿霞 副主编
钱平慎 主 审

KBGCZQ

北京理工大学出版社
BEIJING INSTITUTE OF TECHNOLOGY PRESS

图书在版编目（CIP）数据

可编程控制器原理及应用／闫纲主编．—北京：北京理工大学出版社，2012.8
ISBN 978－7－5640－6500－3

Ⅰ.①可…　Ⅱ.①闫…　Ⅲ.①可编程序控制器－高等学校－教材　Ⅳ.①TP332.3

中国版本图书馆 CIP 数据核字（2012）第 187654 号

出版发行／北京理工大学出版社
社　　　址／北京市海淀区中关村南大街 5 号
邮　　　编／100081
电　　　话／(010)68914775(办公室)　68944990(批销中心)　68911084(读者服务部)
网　　　址／http：//www.bitpress.com.cn
经　　　销／全国各地新华书店
印　　　刷／北京地质印刷厂
开　　　本／787 毫米×1092 毫米　1/16
印　　　张／11.5
字　　　数／266 千字
版　　　次／2012 年 8 月第 1 版　2012 年 8 月第 1 次印刷　　　责任编辑／李志敏
印　　　数／1～1500 册　　　责任校对／周瑞红
定　　　价／40.00 元　　　责任印制／王美丽

可编程控制器是以微处理器为基础，综合计算机技术、自动控制技术以及通信技术发展起来的新一代工业自动化控制装置。它具有控制能力强、操作方便灵活、可靠性高等特点，因此在工业生产自动化过程中，显示出较大的优越性。它不仅可以取代传统的继电接触控制系统，还可构成复杂的工业过程控制网络，是实现工业自动化的理想工具之一。

本书在编写过程中，充分考虑了高等院校的教学特色，简化理论，突出应用，强化操作，内容深入浅出，通俗易懂。全书共分 7 章。第一章介绍了可编程控制器的基本概况，介绍了 PC 机的类型、组成及发展史；第二章介绍了施耐德 NEZA 系列 PLC 的构成、工作原理及编程语言；第三章介绍了 NEZA 系列 PLC 指令系统；第四章典型程序设计，介绍了在控制过程中常用的几种典型控制程序的设计方法，如自锁、互锁、定时等；第五章介绍了 NEZA 系列 PLC 专用编程软件 PL707WIN 的使用方法；第六章通过组态王软件与 PLC 的结合，形象地表现了工业控制过程；第七章从工程实际出发，介绍了 PLC 在工业控制中的应用。

本书第一章可编程控制器概述及第七章第 1 节由刘增俊编写，第二章 NEZA 系列 PLC 和第七章第 2 节由岳殿霞编写，第三章 NEZA 系列 PLC 指令系统第 1~7 节、第四章典型程序设计、第七章第 4 节及附录由闫纲编写，第三章第 8、9 节、第七章第 3 节由陈东鹤编写，第五章编程软件的应用由王德元编写，第六章组态王软件由李松楠编写。由闫纲进行全书的统稿工作。本书在编写过程中得到了沈阳铁路局吉林供电段等单位的大力支持，并由钱平慎担任主审。

本书每章之后均有思考题，帮助读者自我检测或复习巩固所学内容。

由于编者学识所限，书中难免存在不足之处，敬请有关专家和读者批评指正。

编 者

2012 年 7 月

目录

Contents

目 录

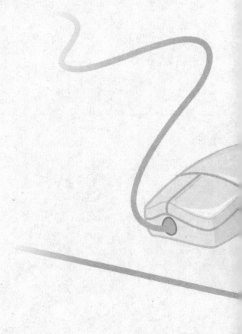

第一章

可编程控制器的概述

可编程控制器（Programmable Controller）的英文缩写是 PC，为了区别于个人计算机（Personal Computer），因此通常称其为 PLC（Programmable Logic Controller）。PLC 是在继电器控制基础上以微处理器为核心，将自动控制技术、计算机技术和通信技术融为一体而发展起来的一种新型工业自动控制装置。特别是由于 PLC 采用了依据继电器控制原理而开发的梯形图作为程序设计语言，使不熟悉计算机的机电设计人员和工人中的技师均能较快掌握梯形图的编程方法，从而极大地促进了 PLC 在工业生产中的推广应用。目前 PLC 已基本代替了传统的继电器控制，成为工业自动化领域中最重要、应用最多的控制装置，居工业自动化三大支柱（可编程控制器、机器人、计算机辅助设计与制造）的首位。

1.1　PLC 的定义与分类

一、PLC 的定义

可编程控制器产生的初期主要是用来替代继电器控制系统的，只能进行开关量逻辑控制，PLC 即可编程逻辑控制器正是由此而得名。

20 世纪 70 年代后期，随着微电子技术、计算机技术的迅猛发展，单片机或其他 16 位、32 位微处理器被用作 PLC 的主控芯片——CPU（Central Processing Unit），输入/输出及外围电路也采用大规模集成电路，甚至采用超大规模集成电路，从而使得 PLC 的功能有了突飞猛进的发展。PLC 不再仅具有开关量逻辑控制功能，还同时具有了数据处理、数据通信、模拟量控制和 PID 调节等诸多功能。

1980 年，美国电器商协会（National Electrical Manufacturers Association，NEMA）将可编程序逻辑控制器中的 "逻辑" 一词去掉，称为可编程控制器（Programmable Controller，PC）。其定义为："PC 是一种数字式的电子装置，它使用可编程序的存储器以及存储指令，能够完成逻辑、顺序、定时、计数及算术运算等功能，并通过数字或模拟的输入、输出接口控制各种机械或生产过程。"

1987 年 2 月，国际电工委员会（International Electrotechnical Commission，IEC）颁布的可编程控制器标准草案中将其进一步定义为："可编程控制器是一种数字运算操作的电子系统，专为工业环境下应用而设计。它采用可编程序的存储器，用来在内部存储执行逻辑运算、顺序控制、定时、计数和算术运算等操作的指令，并通过数字式、模拟式的输入和输出，控制各种类型的机械或生产过程。可编程控制器及其有关外围设备，都应按易于与工业控制系统连成一个整体和易于扩充其功能的原则设计"。

二、PLC 的分类

目前国内外各个生产厂家的 PLC 产品品种繁多、型号各异、规格也不统一，较为普遍的有日本三菱公司的 F 系列、OMRON 公司的 C 系列、德国西门子公司的 S 系列、美国 GE 公司的 GE 系列，国内游嘉华公司的 JH 系列等。虽然各个厂家生产的 PLC 产品型号、规格和性能各不相同，但是通常可以按照结构形式、I/O 点数和功能两种形式分类。

1. 按结构形式分类

按照结构形式的不同，PLC 可分为整体式和模块式两种。

1）整体式

整体式 PLC 是将 CPU、存储器、I/O 和电源灯部件集中于一体，安装在一个金属或塑料机壳的基本单元内，机壳的上下两侧是输入输出接线端子，并配有反映输入输出状态的微型发光二极管。整体式 PLC 具有结构紧凑、体积小巧、重量轻、价格低的优势，适用于嵌入控制设备的内部，常用于单机控制。

2）模块式

模块式 PLC 是把各个组成部分 CPU、I/O、电源等分开，做成各自独立的模块，各模块做成插件式，插入机架底板的插座上。用户可以按照控制要求，选用不同档次的 CPU 模块、各种 I/O 模块和其他特殊模块，构成不同功能的控制系统。模块式 PLC 具有配置灵活、组装方便、扩展容易的优势，但由于结构复杂，造价比较高，一般应用于大、中型 PLC。

2. 按 I/O 点数和功能分类

按 I/O 点数、内存容量和功能的不同，PLC 的划分如表 1 - 1 所示。

表 1 - 1 按 I/O 点数对 PLC 分类

分类	I/O 点数/点	内存容量/字节
超小型机	64 以内	256 ~ 1000
小型机	64 ~ 256	1 K ~ 3.6 K
中型机	256 ~ 2 048	3.6 K ~ 13 K
大型机	2 048 以上	13 K 以上

适用范围：超小型机适用于最小封装，是低成本的用户在有限的 I/O 范围内寻求功能强大的控制的首选机型。

小型机具有逻辑运算、定时和计数功能，适用于开关量控制、定时和计数控制的场合，常用于代替继电器控制的单机线路。

中型机除具有逻辑运算、定时和计数的功能外，还具有算术运算、数据传输、通信联网和模拟量输入和输出等功能。适用于既有开关量又有模拟量的较为复杂的控制系统。

大型机除具有中型机的功能外，还具有多种类、多信道的模拟量控制以及强大的通信联网、远程控制等功能。可用于大规模过程控制、分布式控制系统和工厂自动化网络等场合。

1.2 PLC 的特点及应用

一、PLC 的特点

1. 可靠性高，抗干扰能力强

PLC 采用了大规模集成电路芯片，组成大规模集成电路的电子组件都是由半导体组成的。以这些电路充当的软继电器开关是无触点的，而继电器、接触器等硬器件使用的是机械触点开关，所以两者的可靠程度是无法比拟的。

硬件方面首先对元器件进行了严格的筛选和优化。此外，在PLC的电路中采用了隔离技术，PLC的I/O接口电路采用了光电隔离器，它能隔断输入、输出电路与PLC内部电路间的直流通路，防止外部高压窜入，抑制外部干扰源对PLC内部电路的影响。PLC电路的电源、I/O接口电路中采用了滤波技术，特别是CPU供电电源采取屏蔽、稳压、保护等措施，可有效抑制高频干扰信号。PLC电路中设置了"看门狗"电路，能把因干扰而走飞的程序拉回来，从而起到自动恢复作用。PLC的结构上采用耐热、密封、防潮、防尘和抗震的外壳封装，以适应恶劣的工业环境。

在软件方面采取了数字滤波、故障诊断试验程序，能自动扫描PLC的状态和用户程序，一旦发现出错后，立即自动做出相应的处理，如报警、保护数据和封锁输出等。目前的PLC对用户程序和数据大多采用EEPROM，无须后备锂电池，以保护断电后用户程序和数据不会因此而丢失。PLC大多采用循环扫描的方式，而不是并行的工作方式，使得输入型号只有在输入采样阶段才能进入PLC内部电路，使得输出信号只有在输出刷新阶段才能影响PLC的输出电路。

2. 编程软件简单易学

PLC有多种编程语言可供选用，最大特点是采用从清晰直观的继电器控制线路演化过来的梯形图作为编程语言。梯形图是面向控制过程、面向操作人员的语言，因此，梯形图程序易学易懂易修改，深受电气工作人员的欢迎。

3. 适应性好，具有柔性

由于PLC编程简单易学、控制程序可变，因此具有较好的柔性。当生产工艺改变、生产设备更新时，不必改变PLC的硬设备，只需改变相应的软件就可满足新的控制要求。

4. 功能完善，接口多样

PLC除基本单元外，还可以配上各种特殊适配器，不仅具有数字量和模拟量的输入输出、顺序控制、定时计数等功能，还具有模/数、数/模转换、数据处理、通信联网和生产过程监控等功能。

5. 易于操作，维护方便

PLC安装方便，具有输入/输出端子排，连线不用焊接，只要用螺丝刀就可以将PLC与不同的控制设备连接。且输入端子可直接与各种开关量和传感器连接，输出端子通常也可直接与各种继电器、接触器等连接。PLC的调试方便，输入信号可以用开关来模拟，输出信号可以观察PLC面板上的发光二极管。PLC维护方便，有完善的自诊断功能和运行故障指示装置。发生故障时，可以观察其面板上各种发光二极管的状态，迅速查明原因，排除故障。

6. 体积小、重量轻、功耗低

PLC采用LSI或VLSI芯片，其产品结构紧凑、体积小、重量轻、功耗低，是实现机电一体化的理想的控制设备。

二、PLC的应用

PLC的应用范围广泛，目前已经广泛应用于汽车装配、数控机床、机械制造、电力石化、冶金制造等各行各业，归纳起来主要有以下几个方面。

1. 开关量逻辑控制

这是最基本的应用，即用 PLC 取代传统的继电器控制系统，实现逻辑控制和顺序控制。

2. 模拟量过程控制

除了数字量之外，PLC 还能控制连续变化的模拟量，如温度、压力、速度等。

3. 位置控制

位置控制是指 PLC 使用专用的位置控制模块来控制步进电机或伺服电机，从而实现对各种机械构件的运动控制，如控制构件的速度、位移等。

4. 数据采集处理

目前，PLC 都具有数据处理指令、数据传输指令、算术与逻辑运算指令和循环位移与移位指令，所以由 PLC 构成的监控系统，可以方便地对生产现场的数据进行采集、分析和加工处理。

5. 通信联网、多级控制

PLC 与 PLC 之间、PLC 与上位机之间通信，要采用其专用通信模块，并利用 RS－232 或 RS－422A 接口，用双绞线或同轴电缆将它们连成网络。

1.3　PLC 的历史及发展

一、可编程控制器的产生

1968 年美国通用汽车公司（General Motors）为了适应汽车型号的不断更新、生产工艺不断变化的需要，实现小批量、多品种生产，希望能有一种新型工业控制器，它能做到尽可能减少重新设计和更换电气控制系统及接线，以达到降低成本、缩短周期的目的，并依据需求提出 10 项招标指标，这就是著名的 GM 10 条。

（1）编程简单，可在现场修改程序；

（2）可靠性高于继电器控制柜；

（3）体积小于继电器控制柜；

（4）维护方便，最好是插件式；

（5）可将数据直接送入管理计算机；

（6）在成本上可与继电器控制柜竞争；

（7）输入可以是交流 115 V；

（8）输出为交流 115 V、2 A 以上，能直接驱动电磁阀等；

（9）在扩展时，原系统只需很小变更；

（10）用户程序存储器容量至少能扩展到 4 K。

中标的美国数字设备公司（DEC）根据以上要求于 1969 年研制成功世界上第一台 PLC。

二、PLC 的发展状况

1. 第一代

从第一台 PLC 诞生到 20 世纪 70 年代初。其主要特点为：

（1）CPU 使用中小规模集成电路，采用磁芯存储器；

（2）功能简单（只有计数/定时功能/顺序控制功能）；

（3）可靠性较差，略强于继电器控制；

（4）机种单一，没形成系列。

2. 第二代

20世纪70年代初至70年代末。其主要特点为：

（1）CPU使用微处理器，采用半导体存储器EPROM；

（2）功能增强（增加逻辑/数据运算、数据处理、自诊断等功能）；

（3）有了计算机接口和模拟量控制功能；

（4）可靠性提高；

（5）整机功能向系列化、标准化发展，并由专用向通用方向过渡。

3. 第三代

20世纪70年代末到80年代中期。其主要特点为：

（1）CPU使用8位或16位微处理器甚至多微处理器，采用半导体存储器EPROM、CMOSRAM等；

（2）增加浮点数运算以及平方、三角函数等运算；

（3）增加查表、列表功能；

（4）自诊断及容错技术提高；

（5）梯形图语言及语句表成熟；

（6）小型PLC体积减小、可靠性提高、成本下降；

（7）大型PLC向模块化、多功能方向发展。

4. 第四代

20世纪80年代中期到90年代中期。其主要特点为：

（1）增加高速计数、中断、A/D、D/A、PID等功能；

（2）处理速度进一步提高（1 μs/步）；

（3）联网功能增强；

（4）编程语言进一步完善，开发了编程软件。

5. 第五代

20世纪90年代中期之后。其主要特点为：

（1）CPU使用16位或32位微处理器；

（2）PLC的I/O点增加，最多可达32 K个I/O点；

（3）处理速度进一步提高（1 ns/步）；

（4）PLC都可以与计算机通信；

（5）具有强大的数值运算、函数运算、大批量数据处理的功能；

（6）开发了大量的特殊功能模块；

（7）编程软件功能更强大；

（8）不断开发出功能强大的可编程终端。

三、国内外PLC的发展现状

1. 国内PLC的发展状况

在20世纪70年代末和80年代初，我国从国外引进了不少成套PLC设备、专用PLC设备。同时不少科研单位和工厂在研制和生产PLC，如辽宁无线电二厂、无锡华光电子公司、上海香岛电机制造公司、厦门A-B公司等。

在传统设备改造和新设备设计中，PLC 的应用逐年增多，取得良好效果。PLC 在我国的应用越来越广泛。

目前，国内 PLC 生产厂家有 30 余家，并有迹象显示，更多的来自于原 PLC 应用的技术人员准备加入到小型 PLC 开发的行列。但在目前上市的众多 PLC 产品中，还没有形成规模化的生产和名牌产品。从技术角度来看，国内外的小型 PLC 差距正在缩小。如无锡信捷、兰州全志等公司生产的微型 PLC 已经比较成熟，有些国产 PLC（如和利时、科迪纳）已经拥有符合 IEC 标准的编程软件、支持了现场总线技术等。然而面对国际厂商数十年的规模化生产和市场管理经验，国内厂商更多地只停留在小批量生产和维系生存的起步阶段，离真正批量生产、市场化经营乃至创建品牌还有很长的路要走。与此同时，国产 PLC 的低价优势也正受到新的挑战。

2. 国外 PLC 的发展状况

就全世界自动化市场的过去、现在和可以预见的未来而言，PLC 仍然处于一种核心地位。在最近出现在美国、欧洲和国内有关探讨 PLC 发展的论文中，尽管对 PLC 的未来发展有着许多不同的意见，但是这个结论是众口一词的。

在全球经济不景气的时候，PLC 的市场销售仍然坚挺，PLC 控制有了引人注目的进展，但毕竟只能对高端的 PLC 产品形成竞争。小型、超小型 PLC 的发展势头令人刮目相看，同时 PLC 和 PLC 控制在今后可能相互融合。

四、PLC 及其控制系统的发展趋势

1. 在系统构成规模上

在系统构成规模上向大、小两个方向发展。

对小型 PLC 向着体积更小、速度更高、功能增强、价格低廉的方向发展，使之更利于取代继电器控制。

对大中型 PLC 向着更大容量、更高速度、更多的功能、更高的可靠性、易于联络通信的方向发展，使之更利于对大规模、复杂系统的控制。

2. 在 PLC 功能上

在 PLC 功能上将会实现功能不断加强，各种应用模块不断推出，同时应用范围不断扩大、性能不断提高、编程软件实现多样化和高级化、标准化、构成形式分散化和集散化、产品更加规范化、标准化。

第一章 思 考 题

1.1 可编程控制器是如何定义的？

1.2 可编程控制器是如何分类的？

1.3 可编程控制器的特点是什么？

1.4 列举可编程控制器可能应用的地方。

1.5 列出数种你所知道的可编程控制器及其主要性能。

1.6 查阅资料了解可编程控制器的发展趋势。

1.7 采用可编程控制器代替硬接线的逻辑控制电路有哪些优势？

第二章

NEZA 系列 PLC

不同厂家的可编程控制器虽然外观各异、互不兼容，但其硬件结构大体相同。本章概述可编程控制器的基本知识。首先讲述可编程控制器的基本结构，其次重点介绍 NAZE 系列可编程控制器的性能和工作原理。

2.1 PLC 的基本结构

可编程控制器实质上是一种工业计算机，只不过它比一般的计算机具有更强的与工业过程相连接的接口和更直接的适应于控制要求的编程语言，故可编程控制器与计算机的组成非常相近。可编程控制器采用典型的计算机结构，由中央处理单元、存储器、输入/输出接口电路和其他一些电路组成。图 2-1 为 PLC 的逻辑结构示意图。

一、中央处理器（CPU）

中央处理器是可编程控制器的核心部件。CPU 一般由控制电路、运算器和寄存器组成，这些电路一般都集成到一块芯片上。可编程控制器的 CPU 一般有三大类：一类为通用微处理器，如 8086、80286、80386 等；一类为单片机芯片，如 8051、8096 等；另外还有位片式处理器，如 AMD2900、AMD2903 等。

可编程控制器的档次越高，CPU 的位数也越多，运算速度也越快，指令的功能也越强。为了提高可编程控制器的性能及运算速度，有的一台可编程控制器采用了多个 CPU。

由图 2-1 可以看出，CPU 控制着其他部件的操作。CPU 通过地址总线、数据总线和控制总线与存储单元、输入/输出接口（I/O）电路相连接。不同型号的 PLC 可能使用不同的 CPU 部件，制造厂家使用各自 CPU 部件的指令系统编写系统程序，并固化到 ROM 中（用户不能修改），CPU 按系统程序所赋予的

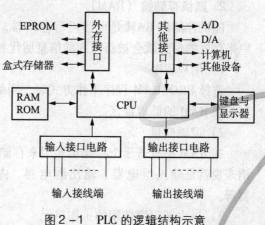

图 2-1 PLC 的逻辑结构示意

功能接收编程器键入的用户程序，存入 RAM 中。CPU 按循环扫描的方式工作，从 0000 首地址存放第一条用户程序开始，到用户的最后一条指令的末地址，不停地循环扫描，每扫描一次，用户程序就被执行一次。

CPU 是可编程控制器的核心部件，与通用 CPU 一样，它在可编程控制器系统中的作用类似于人的中枢神经。其功能为：

（1）诊断可编程控制器电源、内部电路的工作状态及编制程序中存在的语法错误；

7

（2）采集现场的状态或数据，并送入可编程控制器的寄存器中；

（3）逐条读取指令，执行各种运算和操作；

（4）将处理结果送至输出端；

（5）响应各种外部设备的工作请求。

二、存储器

存储器用来存放系统程序、用户程序、逻辑变量、数据和其他一些信息。PLC 中使用的存储器主要有 ROM 和 RAM 两种。

1. 只读存储器（ROM）

只读存储器中的内容是生产厂家写入的系统程序，用户不能修改，并且永远驻留（PLC 掉电后，内容不会丢失）。ROM 的容量与可编程控制器的复杂程度有关。系统程序一般包括以下几个部分。

1）检查程序

PLC 通电后，首先由检查程序检查 PLC 各部件操作是否正常，并将检查的结果显示出来。

2）翻译程序

将用户键入的控制程序翻译成由微处理器指令组成的程序，然后再执行。翻译程序还可以对用户程序进行语法检查。

3）监控程序

监控程序根据用户的需要调用相应的内部程序，相当于总控程序，例如用编程器选择 PROGRAM 程序工作方式，则监控程序就调用"键盘输入处理程序"，将用户的程序送到 RAM 中；若用户编程器选择 RUN 运行方式，则监控程序将启动用户程序。

2. 随机存储器（RAM）

随机存储器 RAM 是可读可写存储器，读出时，RAM 中的内容不会被破坏；写入时，原来存放的信息就会被新写入的信息所代替。RAM 中一般存储以下内容。

1）用户程序

选择 PROGRAM 程序工作方式时，用编程器或计算机键盘写入的程序经过预处理后，存放在 RAM 的低地址区。

2）逻辑变量

在 RAM 中有若干个存储单元用来存储逻辑变量。这些逻辑变量用可编程控制器的术语来说就是输入继电器、输出继电器、内部辅助继电器、定时器、计数器、移位寄存器等。

3）供内部程序使用的工作单元

不同型号的可编程控制器，其存储器的内存容量是不相同的。在技术使用说明书中，一般都给出了与用户编程和使用的有关指标，如输入、输出继电器的数量，内部继电器的数量，定时器和计数器的数量，允许用户程序的最大长度（一般给出允许用户使用的地址范围）等等，这些指标都间接地反映了 RAM 的容量。

三、输入/输出接口电路

输入/输出接口电路简称 I/O 接口，PLC 通过此模块实现与外围设备的连接，它是可编程控制器与工业生产设备或工业生产过程连接的接口，也是联系外部现场和 CPU 模块的重要桥梁。

输入模块用来接收和采集输入信号，输入信号有两类：一类是由按钮开关、行程开关、数字拨码开关、接近开关、光电开关、压力继电器等提供的开关量输入信号；另一类是从电位器、热电、测速电机、各种变送器送来的连续变化的模拟量输入信号。输入模块还需将这些各式各样的电平信号转换成 CPU 能够接收和处理的数字信号。

输出模块的作用是接收中央处理器处理过的数字信号，并把它转换成现场的执行部件能接收的信号，控制接触器、电池阀、调节阀、调速装置；控制的另一类负载是指示灯、数字显示器和报警装置等。

数字量（包括开关量）输入、输出模块，主要的问题是隔离问题，需实现现场与可编程控制器电气上的隔离，从而保持系统工作的可靠性。模拟量输入、输出模块，主要问题是模数转换与数模转换的问题，电气隔离也是不可缺少的。

1. 输入接口电路

输入接口电路一般由光电耦合电路和微处理器的输入接口电路组成。在各类可编程控制器的输入电路中，如果采用直流输入方式，电源一般可由 PLC 本机提供；如果采用交流输入方式，则一般由用户提供交流电源。

1）光电耦合电路

采用光电耦合电路与现场输入信号相连接的目的是防止现场的强电干扰进入可编程控制器。光电耦合电路的核心是光电耦合器，应用最广的是由发光二极管和光电三极管构成的光电耦合器，其原理如图 2 - 2 所示。

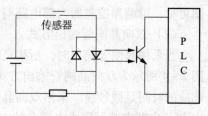

图 2 - 2　光电耦合器原理

（1）光电耦合器的工作原理。

如图 2 - 2 中所示，当传感器接通时，电流流过发光二极管使其发光，光电三极管在光信号的照射下导通，其信号便输入 PLC 的内部电路。

（2）光电耦合器的抗干扰性能。

由于工业现场的信号是靠光信号耦合输入到 PLC 内部的，所以在电性能上实现了输入电路和 PLC 内部电路的完全隔离，因此，输出端的信号不会反馈到输入端，也不会产生地线干扰或其他串扰。

由于输入端是发光二极管，其正向阻抗小，而外界干扰源的内阻抗一般都比较大，按分压原理计算，干扰源能馈送到 PLC 输入端的干扰噪声很小。

由于干扰源的内阻大，虽能产生较高的干扰电压，但能量很小，因此只能产生很微弱的电流。发光二极管只有通过一定量的电流才能发光，这就抑制了干扰信号。正是由于可编程控制器在现场信号输入中采用了光电耦合器，所以大大增强了其抗干扰能力，可编程控制器才能够得以广泛应用于工业现场的自动控制。

图 2 - 2 所示光电耦合器电路中采用了两个发光二极管反向并联的方式，可以使 PLC 输入电路共用端 COM 的电源极性可正可负，具有更大的灵活性，大多数可编程控制器具有此功能。也有些 PLC 采用交流电源作为输入电路的电源，使用时应注意区分。

2）微处理器的输入接口电路

微处理器的输入接口电路一般由数据输入寄存器、选通电路和中断请求逻辑电路组成，这些电路一般做在一个集成电路的芯片上。现场的输入信号通过光电耦合送到数据寄存器，然后通过数据总线送至 CPU。

2. 输出接口电路

输出接口电路一般由微处理器输出接口电路和功率放大器电路组成。

1）输出接口电路

输出接口电路一般由输出数据寄存器、连通电路和中断请求逻辑电路组成。CPU 通过数据总线将要输出的信号送到输出寄存器中，由功率放大电路放大后输出到工业现场。

2）功率放大器电路

为了适应工业控制的要求，要将微处理器输出的微弱电信号进行功率放大。PLC 所带负载的电源必须外接。

3）输出方式

（1）继电器输出方式。

可编程控制器一般采用继电器输出方式，其特点是负载电源可以是交流电源，也可以是直流电源，但响应速度慢，一般为毫秒级。图 2-3 所示为继电器输出方式示意图。由图可见，可编程控制器内部电路与负载电路之间采用了电磁隔离方式。

（2）双向晶闸管输出方式。

当采用晶闸管输出时，所接负载的电源一般只能是交流电源，否则晶闸管无法关断，图 2-4 所示为双向晶闸管输出方式。晶闸管输出的特点是晶闸管的耐压高、负载电流大、响应的时间是微秒级。采用双向晶闸管输出时，可编程控制器与外接负载电路之间一般是由 PLC 内部电路采用光电耦合的方式隔离的。

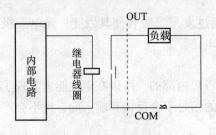

图2-3　继电器输出方式

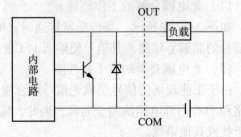

图2-4　双向晶闸管输出方式

（3）晶体管输出方式。

晶体管输出方式如图 2-5 所示。当采用晶体管输出时，所接负载的电源应是直流电源。采用晶体管输出的特点是响应速度快，可以达到纳秒级，由 PLC 内部电路采用光电耦合的方式实现隔离。

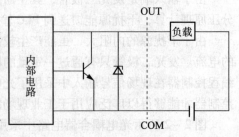

图2-5　晶体管输出方式

另外，在输出电路中，负载的电源需用户外接。需要特别指出的是，同一个公共端要接同一等级的电压，如果要用不同电压的电源，各自的公共端必须分开使用。

四、智能接口电路

鉴于 PLC 的数字处理能力较强，目前实现智能模块的方法基本上有两个方向。一个是利用主 CPU 再加上一定的硬件支持环境，通过开发比较完善的软件来完成。另一个是硬件软件一起开发，形成带独立 CPU 的模块，并在模块软件支持下，通过执行控制程序来完成任务，即利用智能模块来实现控制。这时智能模块的工作和 PLC 主 CPU 的工作可以并行进行，两者独立工作，它们之间的联系是通过总线接口实现的，主 CPU 定期将命令、预置数等送给智能模块，智能模块也定期或根据主 CPU 的要求将有关状态信息或数据传送给主 CPU，这时智能模块相当于 PLC 的一个外部设备。应当注意的是，主机在对各种模块的管理中与一般计算机有一点不同，即主机工作是在循环扫描下进行的。

可编程控制器除了主机模块外，还可以配接各种高功能的智能模块。主机模块实现基本控制功能，高功能智能模块则可以实现某一种特殊的专门功能。衡量可编程控制器产品水平高低的重要指标是它的高功能智能模块的多少、功能的强弱。常见的高功能模块主要有 A/D 模块、D/A 模块、高速计数模块、速度控制模块、温度控制模块、位置控制模块、轴定位模块、远程通信模块、高级语言编辑模块以及各种物理量转换模块等，这些模块通过总线扩展接口电路与主 CPU 相连接。

五、其他外部设备接口电路

为了实现"人—机"或"机—机"之间的对话，可编程控制器配有多种外部设备接口。通过这些接口可以与编程器、监视器、存储设备（如存储卡、存储磁带、软磁盘或只读存储器）、打印机及其他可编程控制器或计算机相连。当可编程控制器与打印机相连时，可将过程信息、系统参数等输出打印；当与监视器（CRT）相连时，可将过程图像显示出来；当与其他可编程控制器相连时，可以构成多级系统或构成网络，实现更大规模的控制；当与计算机相连时，可以组成多级控制系统，实现控制与管理相结合的综合系统。

可编程控制器的外部设备接口主要有 RS - 232C、RS - 422、RS - 485 等标准异步通信接口。

2.2　NEZA 系列 PLC 的构成

NEZA 系列 PLC 是法国施奈德电气公司生产的一款小型 PLC，其 I/O 点数从 14 点可扩展到 80 点，具有高速计数、脉冲输出、网络通信、客户化功能块等先进功能。

一、NEZA 系列 PLC 的外形结构及各部分功能

NEZA 系列 PLC 的外形结构如图 2 - 6 所示。

在图 2 - 6 所示的 NEZA 系列 PLC 的外形结构中，各部分的名称及作用如下：

（1）24VDC：由 PLC 提供给传感器及输入输出的电源；

（2）输入端接线端子：用于连接主令信号及检测信号，如启停开关、行程开关、传感器等，与 PLC 内部的输入位存储器相对应；

（3）输入状态指示灯：用于显示输入信号的工作状态，当输入信号由 0 变 1 后对应指

示灯亮;

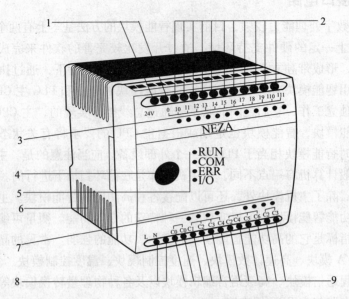

图2-6 NEZA系列PLC的外形结构

1. 24 V DC;2. 输入端接线端子;3. 输入状态指示灯;4. 通信接口;5. PLC状态指示灯;
6. 扩展接口;7. 输入状态指示灯;8. PLC工作电源输入端;9. 输出接线端子

（4）通信接口：用于通过通信电缆与上位计算机、其他PLC、变频器或自控仪表相连接;

（5）PLC状态指示灯：用于显示电源、通信、自诊断结果等，其具体表示含义见表2-1;

（6）扩展接口：用于连接数字量扩展I/O或模拟量扩展I/O，在PLC的右侧位置;

（7）输出状态指示灯：用于显示输出信号的工作状态，当输出信号由0变1后对应指示灯亮;

（8）PLC工作电源输入端：86～240 V AC输入端子;

（9）输出接线端子：用于连接被控对象，如接触器、电磁阀、信号灯等，与PLC内部的输出位存储器相对应。

表2-1 PLC状态指示灯的作用

指示灯名称	灭	亮	闪烁
RUN（绿）	没有电源或硬件故障	PLC RUN	PLC STOP
COM（黄）	没有通信	远程通信	Modbus、Uni-Telay、ASCII通信
ERR（红）	运行正常	硬件故障	用户应用程序出错
I/O（红）	运行正常	扩展I/O模块有故障	扩展I/O模块运行正常

二、NEZA 系列 PLC 的性能

1. CPU 性能

NEZA 系列 PLC 的 CPU 性能主要说明了该 PLC 的内存容量、指令条数、指令执行时间及各有关功能等，具体性能见表 2 - 2。基本技术性能指标还包括输入/输出点数（即 I/O 点数）、扫描速度、内部寄存器数及功能，以及高功能模块等。PLC 的性能决定了其适用场合及能否完成功能。

表 2 - 2　CPU 性能

		交流供电	直流供电
额定电压		220 V AC	24 V DC
极限电压		85 ~ 264 V AC	19.2 ~ 30 V DC
功率消耗		30 W	14 W
浪涌电流		1 ms 以内 20 A，最大值 40 A	
瞬时断电持续时间		10 ms	1 ms
隔离		2 000 V，50/60 Hz	
内存容量		512 个内部字、64 个常量字、128 个内部位	
程序容量		1 000 步	
本机 I/O 点数		14 点：8 输入、6 输出；20 点：12 输入、8 输出	
功能表	定时器	32 个，时基分为 1 ms、10 ms、100 ms、1 s、1 min 五种	
	加/减计数器	16 个，计数范围为 0 ~ 9999	
	移位寄存器	8 个，每个 16 位	
	鼓形控制器	4 个，8 步、16 位控制	
	步进计数器	4 个，每个 256 步	
	LIFO/FIFO	4 个，每个 16 字	
	调度模块	16 个	
I/O 扩展		每个本体可带 3 个本地扩展	
模拟量扩展		8 路模拟量输入，2 路模拟量输出，分辨率为 12 位	
通信接口		RS - 485 连接，支持 Modbus、Uni-telway \ ASCII 协议	
扫描时间		扫描 1 000 条基本指令所用时间小于 1 ms 扫描 100 条基本指令所用时间小于 0.6 ms	
布尔指令执行时间		执行一条布尔指令所需时间为 0.2 ~ 2 μs	

2. I/O 性能

1）输入特性

输入特性主要规定输入电压电流的规格。NEZA 系列 PLC 的开关量输入特性见表 2 - 3。

表2-3 输入特性

类型		正逻辑（漏型）	负逻辑（源型）
额定输入	电压	24 V DC	
	电流	7 mA	
	范围	19.2~30 V	
输入阈值	1 电压	≥11 V	≤8 V
	1 电流	≥2.5 mA，在11 V时	≥2.5 mA，在8 V时
	0 电压	≤5 V	Vps≤5 V
	0 电流	<1.0 mA	
输入滤波	0到1	100 μs/3 ms/12 ms 可编程	
	1到0		
隔离	输入和地之间	1 000 V、50/60 Hz	

2）输出特性

输出特性主要是指 PLC 的带负载能力。NEZA 系列 PLC 的输出特性见表2-4。

表2-4 输出特性

输出类型		继电器	晶体管
交流负载		每个出点2 A	—
直流负载	电压	24 V DC	24 V DC
	电流	每个出点2 A	1 A
响应时间	打开	≤5 ms	≤1 ms
	闭合	≤10 ms	≤1 ms
电子熔断	短路和过载	无	有
	感性交流过电压	无	—
	感性直流过电压	无	有
反向保护		—	有
隔离		1500 V 50/60 Hz	1500 V 50/60 Hz
浪涌电流		—	≤8 A

三、扩展功能

1. 数字量I/O 的扩展

为了满足生产的需要，常需要对数字量I/O 的点数进行扩展。NEZA 系列 PLC 可方便地进行本地扩展或远程扩展。

在 NEZA 系列一体机的右侧和 NEZA 系列 I/O 扩展模块的左侧及右侧（如图2-7 所示）均设有一个30 针的连接器插座，通过连接器可以方便地将本体 PLC 与 I/O 扩展模块连接在一起，实现 I/O 扩展功能。一个本体 PLC 最多可连接三个本地 I/O 扩展模块，点数可达 80 个。

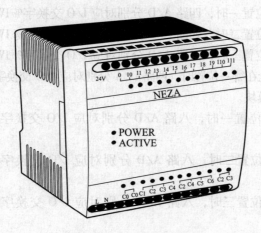

图 2-7　扩展 I/O 模块

扩展 I/O 模块输入/输出点按"% + 输入/输出标志符（I 或 Q） + 扩展模块号（1~3） + 位号"的规律寻址，如图 2-8 所示。如%I0.3 为本体 PLC 的第 3 号输入点,%I3.5 为第三个扩展模块的第 5 号输入点,%Q1.6 第一个扩展模块的第 6 号输出点。

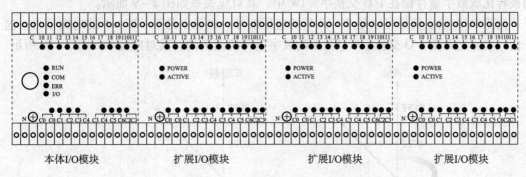

本体 I/O 模块　　扩展 I/O 模块　　扩展 I/O 模块　　扩展 I/O 模块

图 2-8　扩展模块的 I/O 寻址

2. 模拟量 I/O 的扩展

模拟量 I/O 的扩展模块的连接方法与数字量 I/O 的扩展模块的连接方法一样，下面仅就使用模拟量 I/O 扩展模块的有关知识做相应介绍。

使用模拟量 I/O 模块的目的是进行生产过程的模拟量控制。怎样利用模拟量 I/O 模块达到我们需要的控制目的，这是 PLC 使用人员必须首先弄清楚的问题。

1) 模拟量 I/O 模块的编址

模拟量 I/O 模块的编址是指本地 PLC 中怎样获得模拟量 I/O 模块的输入地址及输出地址，也就是说，输入到模拟量 I/O 模块的模拟量信号，经模拟量 I/O 模块转换后，存到什么地方去了的问题以及输入到模拟量的控制信号是从 PLC 内部的哪个存储器经模拟量 I/O 模块输出的问题。

在 NEZA 系列 PLC 中有两种模拟量 I/O 单元与其配套使用，它们是四路 A/D 输入两路 D/A 输出的 TSX08 EA4A2 模块和八路 A/D 输入和两路 D/A 输出的 TSX08EAP8

（EAV8A2）模块，它们的地址分配如下：

（1）TSX08 EA4A2 模块。

A/D 输入地址：在位置一时，四路 A/D 分别对应 I/O 交换字 %IW1.0～%IW1.3；

在位置二时，四路 A/D 分别对应 I/O 交换字 %IW2.0～%IW2.3；

在位置三时，四路 A/D 分别对应 I/O 交换字 %IW3.0～%IW3.3。

D/A 输出地址：无论在哪一位置时，两路 D/A 分别对应 I/O 交换字 %QW5.0～%QW5.1。

（2）TSX08 EAP8 模块。

A/D 输入地址：在位置一时，八路 A/D 分别对应 I/O 交换字 %IW1.0～%IW1.3，%IW5.0～%IW5.3；

在位置二时，八路 A/D 分别对应 I/O 交换字 %IW2.0～%IW2.3，%IW5.0～%IW5.3；

在位置三时，八路 A/D 分别对应 I/O 交换字 %IW3.0～%IW3.3，%IW5.0～%IW5.3。

D/A 输出地址：无论在哪一位置时，两路 D/A 分别对应 I/O 交换字 %QW5.0～%QW5.1。

2）模拟量 I/O 模块输入输出精度

（1）TSX08 EA4A2 模块。

四路 A/D 输入信号可以是 0～10 V 的电压信号，也可以是 0～20 mA 的电流信号，它们被转化成数字量存储在 I/O 交换字 %IW 中，其对应关系如图 2-9 所示。

两路 D/A 输出信号可以是 0～10 V 的电压信号，也可以是 0～20 mA 的电流信号，这一信号实际上是由 I/O 交换字 %QW 中的数字量转换而来的，其对应关系如图 2-10 所示。

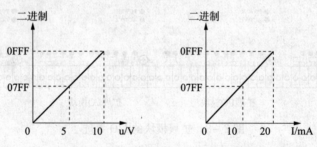

图 2-9　A/D 转换对应关系示意

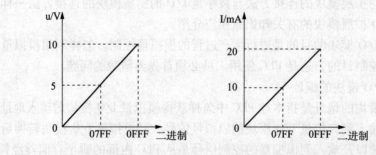

图 2-10　D/A 转换对应关系示意

（2）TSX08 EAP8 模块。

八路 D/A 输入信号可以是 0～5 V 的电压信号，也可以是 Pt-100 的温度信号。当输入信号为 0 ~ 5 V 时，对应的转换值为 0 ~ 4095 数字量；当输入信号为温度信号时，其转换的结果为温度值，分辨率是 0.1℃。如转换结果为 436，则表示温度值为 43.6℃。

两路 D/A 输入信号可以是 0 ~ 20 mA 电流信号，也可以是一个恒定为 4 mA 的输出信号。0 ~ 20 mA 电流输出可由 PLC 控制其大小；4 mA 输出则专为温度传感器（Pt – 100）提供电恒流源。

3）模拟量 I/O 模块的设定

使用模拟量 I/O 模块时需事先通过系统字对其进行必要的设定，以便协调不同信号之间的关系。

（1）TSX08 EA4A2 模块。

使用 TSX08 EA4A2 模块需通过系统字%SW116 进行设定,%SW116 的格式如图 2 – 11 所示。采用 0 ~ 11 位来描述模拟量模块的安装位置，并根据相应位的状态确定模拟量输入信号的性质。当相应位为 0 时，模拟量输入信号为电压信号；当相应位为 1 时，模拟量输入信号为电流信号。

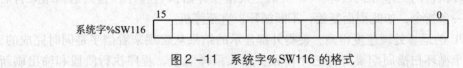

图 2 – 11　系统字%SW116 的格式

图中 0 ~ 3 位为位置一；4 ~ 7 位为位置二；8 ~ 11 位为位置三，若系统字%SW116 = 16#000C，则说明该模拟量 I/O 单元安装在位置一，且 A/D1、A/D2 为电压输入，A/D3、A/D4 为电流输入。在 TSX08 EA4A2 模块中，模拟量输出信号不需要事先设定，电压/电流信号同时输出，只需根据需要选用即可。

（2）TSX08 EAP8 模块。

使用 TSX08 EAP8 模块需通过系统字%SW117 进行设定,%SW117 的格式如图 2 – 12 所示。图中，系统字%SW117 的低八位分别用于设定八路模拟量输入信号的性质，当相应位为 0 时，则模拟量输入信号为 0 ~ 5 V 电压信号；当相应位为 1 时，则模拟量输入信号为 Pt – 100 的温度输入信号。

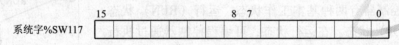

图 2 – 12　系统字%SW117 的格式

在图 2 – 12 中，系统字%SW117 的高八位用于设定输出信号的性质，当高八位为 00 时，表示二路模拟量输出全部为 4 mA 恒定电流输出；当高八位为 01 时，表示模拟量输出通道 0 为 0 ~ 20 mA 可调输出，通道 1 为 4 mA 恒定电流输出；当高八位为 02 时，表示模拟量输出通道 0、1 均为 0 ~ 20 mA 可调的电流输出。

综上所述，使用模拟量模块进行过程量的控制需做以下工作：

（1）根据控制需要正确选用模拟量 I/O 模块；

（2）根据现场信号的性质，通过系统字设定模拟量输入/输出信号的性质；

（3）根据数字量与模拟量信号之间的关系，在编写程序时注意数据格式的转换。

2.3　PLC 的工作原理

一、PLC 的工作方式

PLC 虽具有微机的许多特点，但它的工作方式却与微机有很大的不同。微机一般采取等待命令的工作方式，如常见的键盘扫描工作方式或 I/O 扫描的工作方式，有键按下或有 I/O 动作，则转入相应的子程序，无键按下则继续扫描。

PLC 是在其硬件的支持下，通过执行反映控制要求的用户程序来完成控制任务的。这与计算机的工作原理是一致的。但如果单纯像计算机那样工作，从头到尾顺序地执行用户程序是不能完全体现控制要求的。主要的原因就是原来电器控制系统工作时，各被控电器是并行关系，当使用程序进行控制时，各被控电器的动作一律成为时间上的串行。由于可编程控制器不像计算机那样只要顺序地执行程序就可以达到控制要求，因此，我们采用对整个程序循环执行的工作方式，即 CPU 从第一条指令开始执行程序，直到遇到结束符后才又返回第一条指令，如此周而复始，不断循环，直至停机。

由于 CPU 的运算处理速度很高，使得外部显示的结果从宏观来看似乎是同时完成的，但实际上各个循环扫描周期要分为三个阶段：输入采样阶段、程序执行阶段和输出刷新阶段。

二、扫描过程

可编程控制器工作方式是指在系统软件控制下，扫描输入的状态（输入采样），按用户程序进行运算处理，向输出发出相应的控制信号（输出刷新）。整个过程可分为 5 个阶段：内部处理（自诊断）、与计算机或编程器等的通信、现场输入信号的采集、用户程序执行、输出信号与驱动。图 2－13 所示为可编程控制器的扫描过程。可编程控制器这种周而复始的循环工作方式称为扫描工作方式。

可编程控制器有两种基本工作状态：运行（RUN）状态与待机（STOP）状态。在运行状态，可编程控制器通过执行反映控制要求的用户程序来实现控制。为使可编程控制器的输出及时地响应随时变化的输入信号，需不断地重复执行用户程序。每次循环过程中可编程控制器还要完成内部处理（自诊断）、通信处理等 5 项工作（如图 2－13 所示），不断地循环，直到可编程控制器停机或切换到待机（停止、STOP）状态。在待机状态，可编程控制器进行自诊断的内部处理与通信服务两项工作。

1. 内部自诊断阶段

每次扫描用户程序之前都先执行故障自诊断程序。自诊断内容为：I/O 存储器和 CPU 等是否正常、发现异常停机、显示出错信息、将监控定时器复位以及完成其他一些别的内部处理工作。如无异常，继续向下阶段扫描。

图 2－13　PLC 的扫描过程

18

2. 通信处理阶段

可编程控制器检查是否有编程器或计算机等带微处理器的智能装置的通信请求，若有则进行相应处理，如响应上位机送来的程序、命令和数据，更新编程器的显示内容，完成计算机的程序数据等的接收和发送任务。

当可编程控制器处于待机（停止、STOP）状态时，只执行以上两阶段的操作；当可编程控制器由停止（STOP）状态切换到运行（RUN）状态时，除完成以上两阶段扫描的工作外，还要向下阶段扫描完成另三个阶段的操作，即用户程序扫描阶段，如图2-14所示。

在每一循环扫描周期内定时将现场全部有关信息采集到控制器中来，存放在系统准备好的一定区域——随机存储器的某一地址区，称之为输入映像区。执行用户程序所需现场信息都从输入映像区取用，而不直接到外设去取。同样，对被控对象的控制信息，也不采用形成一个就去输出改变一个的方法，而是先把它们存放在系统准备好的一定区域——随机存储器的某一地址区，称之为输出映像区。当扫描结束后，将所存被控对象的信息集中输出，改变被对象的状态。那些在一个描周期内没有发生变化的变量状态，就输出一个与前一周期同样的信息，不引起外设工作的变化。输入映像区、输出映像区合起来称I/O映像区。

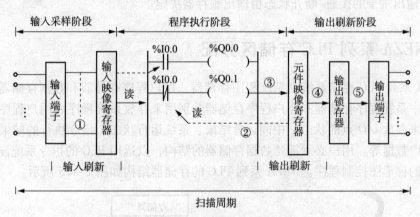

图2-14　CPU执行用户程序扫描周期示意图

3. 输入采样阶段

在输入采样阶段，PC机以扫描方式顺序读入所有输入端的状态并存入内存中各对应的输入映像区中相应的寄存器，接着进入程序执行阶段。在非输入采样阶段，无论输入状态如何变化，输入映像寄存器的内容保持不变，直到进入下一个扫描周期的输入采样阶段，才会重新读入输入端的新内容。

4. 程序执行阶段

在程序执行阶段，根据PC机梯形图程序扫描原则，PC机按梯形图控制逻辑先左后右、先上后下的顺序扫描、执行。若遇到跳转指令，则根据跳转条件是否满足来决定程序的走向。若指令中的元件为输出元件号，则用当时输出映像寄存器的状态值进行运算。若程序的结果为输出元件，则将运算结果写入输出映像寄存器。对于元件映像寄存器来说，每一个元件都会随着程序执行的进程而变化。

5. 输出刷新阶段

在所有程序执行完毕后，输出映像寄存器中所有输出继电器的状态在输出刷新阶段被转存到输出锁存器中，并通过一定方式输出，去驱动相应外设。

以上是 PC 机扫描工作过程。只要 PC 机处在 RUN 状态，它就反复地巡回工作。PC 机的扫描周期也就是 PC 机完成的一个完整工作周期，即从读入输入状态到发出输出信号所用的时间。它与程序的步数、时钟频率以及所用指令的执行时间有关。一般输入采样和输出刷新只需要 1~2 ms，所以扫描时间主要由用户程序执行时间决定。

三、PLC 对输入/输出的处理

根据 PC 机的工作特点，PC 机在输入/输出处理方面应遵守：

（1）输入映像寄存器的数据取决于输入端子板上各输入点在上一个刷新期间的接通/断开的状态；

（2）程序的执行取决于用户所编程序和输入/输出映像寄存器的内容及其他各元件映像寄存器的内容；

（3）输出映像寄存器的数据取决于输出指令的执行结果；

（4）输出锁存器中的数据由上一次输出刷新期间输出映像寄存器中的数据决定；

（5）输出端子的接通/断开状态由输出锁存器决定。

2.4 NEZA 系列 PLC 存储区分配

NEZA 系列 PLC 存储系统由系统程序存储器、用户程序存储器和数据存储器三个部分组成。其中系统程序存储器和用户程序存储器分别用来存放系统程序和用户程序，数据存储器是用来存放 I/O 点的状态、中间运算结果、系统运行状态、指令执行的结果以及其他系统或用户数据等。用户必须清楚数据存储器的结构，以运用 PLC 的指令系统设计出满足生产要求的梯形图控制程序。NEZA 系列 PLC 的存储器结构如图 2-15 所示。

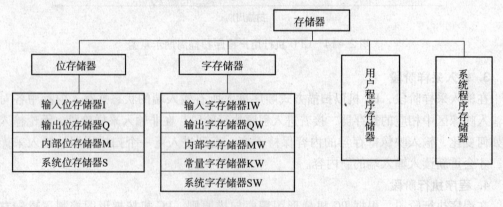

图 2-15 存储器结构

一、位存储器

NEZA 系列 PLC 中的位存储器以位为单位存储信息，主要用于存储逻辑输入输出的状态及系统的特殊信息等。

1. 输入位存储器 I

输入位存储器 I 是 PLC 接收来自外部开关信号的"窗口"。每个继电器的输入都与外部接线端子相连，并带有许多常开和常闭触点供编程时使用，如图 2 - 16 所示。输入位存储器只能由外部信号驱动，不能被程序指令驱动。

根据 PLC 的型号和系统配置的不同，输入位存储器的数目是不同的。如 14 点的是 8 位，20 点的是 12 位，NEZA 系列 PLC 通过加接 I/O 扩展单元，可将输入位存储器最多扩展到 48 位。扩展方法是加接与 NEZA 系列 20 点主机相同点数的扩展模块。每个输入位存储器有一个具体编号，编号的格式为 % IX. Y，其中 X 为主机和扩展模块的编号，依次为 0 ~ 3。Y 为输入位存储器编号，依次为 0 ~ 11。例如，% I0.1 为主机的第 2 个输入位存储器；% I2.8 为第 2 个扩展模块的第 9 个输入位存储器。

2. 输出位存储器 Q

输出位存储器 Q 是 PLC 机用来传递信号到外部负载的器件。输出位存储器有一个外部输出的常开触点，它是按程序的执行结果而被驱动的，在内部有许多常开、常闭触点供编程时使用，如图 2 - 17 所示。

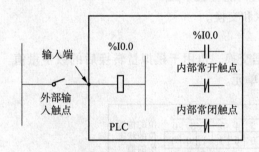

图 2 - 16 输入位存储器示意

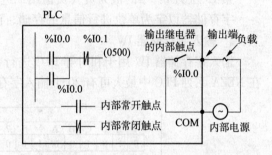

图 2 - 17 输出位存储器示意

和输入位存储器一样，NEZA 系列 PLC 通过加接 I/O 扩展单元，可将输出位存储器最多扩展到 32 位。每个输入位存储器有一个具体编号，编号的格式与输入位存储器相同，编号为 % Q0.0 ~ % Q3.7。

3. 内部位存储器 M

内部位存储器 M 实质上是一些存贮单元，但它们是用户使用程序时的内部 I/O 存储区域，用来存储 PLC 内部逻辑运算结果，不能直接驱动外部负载。它可由 PLC 机内各种位存储器触点驱动。其作用与继电接触控制中的中间继电器相似。每个内部继电器带有若干对常开常闭触点供编程时使用。内部继电器示意图如图 2 - 18 所示。在 NEZA 系列 PLC 中最大可有 128 个内部位，编号为 % M0 ~ % M127，如果发生电源断电则保存前 64 位的状态，后 64 位的状态丢失。

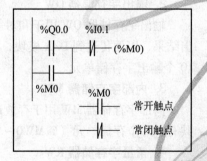

图 2 - 18 内部位存储器示意

4. 系统位存储器 S

系统位存储器 S 存储系统特殊信息及各种运算标志等，用于监控 PLC 应用程序的正常运行。在 NEZA 系列 PLC 中最大可有 128 个系统位。部分系统位的含义如下：

S4：10 ms 的时钟脉冲；

S5：100 ms 的时钟脉冲；

S6：1 s 的时钟脉冲；

S7：1 min 的时钟脉冲；

S18：算术运算溢出或出错标志，正常值为 0，在执行 16 位运算溢出时置 1；

S19：周期扫描时间超限标志，正常值为 0，当扫描时间超限时由系统置 1；

S118：主 PLC 故障标志。正常值为 0，当检测到主 PLC 上的 I/O 故障时置 1。

二、字存储器

字是存放在数据存储区中的 16 位字，它们可表示 −32768 ~ 32767 之间的任何整数（除了高速计数器是 0 ~ 65535）。

字的内容或值以 16 位二进制码（或补码）的形式存放在用户内存中。在带符号的二进制码中，第 15 位用于根据约定标示值的正负，如图 2−19 所示。

第 15 位为 0：字的值为正。

第 15 位为 1：字的值为负（负值用二进制补码逻辑表示）。

字存储器以字为单位进行信息的存储、读取和交换。

1. 输入字存储器 IW

输入字存储器 IW 用于和对等 PLC 进行数据交换，也用于模拟量转换后的数字量值。在 NEZA 系列 PLC 中最大可有 20 个输入字存储单元。

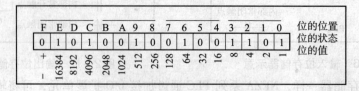

图 2−19 字存储器的存储形式

2. 输出字存储器 QW

输出字存储器 QW 用于和对等 PLC 进行数据交换，也用于暂存 PLC 模拟量处理的输出结果，以便传送到 D/A 模块，实现对现场设备的控制。在 NEZA 系列 PLC 中最大可有 10 个输出字存储单元。

3. 内部字存储器 MW

内部字存储器 MW 用于存放用户数据及程序运行时的中间数据，在 NEZA 系列 PLC 中共有 512 个存储单元（%MW0 ~ %MW511），用户程序可对其进行读写访问。

4. 常量字存储器 KW

常量字是用于存储常数值、字母或数字信息的存储单元，在 NEZA 系列 PLC 中共有 64 个（%KW0 ~ %KW63），它只能通过终端设备进行写入，不能通过程序改变，程序只能对其进行读出操作。

5. 系统字存储器 SW

系统字存储器 SW 有多种功能，读字 SW 可以访问直接来自 PLC 的数据，用于在应用程序中实现具体操作。PLC 的许多特殊功能需通过对 SW 的设置来完成。在 NEZA 系列 PLC 中最大可有 128 个系统字存储单元。每个系统字的作用参见附录。

6. 标准功能块字

功能块字分别存储相应功能块的状态信息，以备用户程序引用。标准的功能块字有六个，分别为：定时器 TM、加/减计数器 C、鼓形控制器 DR、移位寄存器 SBR、步进计数器 SC、LIFO/FIFO 寄存器 R。

2.5 NEZA 系列 PLC 指令的寻址方法

所谓寻址，即寻找操作数的地址，在梯形图指令中指明操作对象。寻址方法与 PLC 的存储器结构及操作数的数据格式有关。NEZA 系列 PLC 寻址方法主要有位寻址、字寻址及位串与字表寻址。

一、位寻址的寻址格式及寻址范围

对位存储器寻址的寻址格式为：

地址标识符% + 位存储器标识符（如 I、Q、M、S） + 位地址

例如：%I0.3；%Q1.2。

对功能块存储器寻址的寻址格式为：

地址标识符% + 功能块标识符（如 TIM、C、PWM） + 功能块位地址

例如：%TIM0；%C2。

对字存储器进行位寻址，即从由十六位二进制数构成的字存储器中抽取某位，寻址格式为：

地址标识符% + 字存储器标识符（如 IW、QW） + 分隔符：位标识符｛X_K（K = 1 ~ 16）｝

例如：%MW5：X6 表达的寻址对象为内部字%MW5 中的第6位。

位寻址的寻址范围及数量见表2 -5。

表2 -5 位寻址的寻址范围及数量

类型		地址	数量/条	类型		地址	数量/条
位存储器寻址	输入位	%I$i.j$	48	功能块位寻址	定时器	预设值：%TMi.P	32
	输出位	%Q$i.j$	32			定时器输出：%TMi.Q	
	内部位	%Mi	128		加/减计数器	下溢输出（空）：%Ci.E	16
	系统位	%Si	128			预设达到输出：%Ci.D	
字存储器位寻址	输入字抽取位	%IW$i.j$：X_K	20 × 16			上溢输出（满）：%Ci.F	
	输出字抽取位	%QW$i.j$：X_K	10 × 16		LIFO/FIFO 寄存器	寄存器满输出：%Ri.F	4
	内部字抽取位	%MWi：X_K	512 × 16			寄存器空输出：%Ri.E	
	系统字抽取位	%SWi：X_K	128 × 16		鼓形控制器	当前步为最后一步：%DRi.F	4
	常量字抽取位	%KWi：X_K	64 × 16				

二、字寻址的寻址格式及寻址范围

字寻址是以 16 位二进制数为单位的字进行寻址,此外,还可以对立即数进行寻址。字寻址按其寻址方式可以分为直接寻址和间接寻址。

直接寻址就是直接给出操作数的地址。例如,% MW2: = % MW4 + % MW5。即将% MW4中的数值与% MW5 中的数值相加保存到% MW2 中。

间接寻址给出的不是直接地址,而是通过第三者完成寻址过程。例:% MW2: = % MW4 [% MW6] + % MW5。其中% MW4 [% MW6] 的含义是将% MW4 的字地址 4 与% MW6 中的内容相加的和作为有效地址,如% MW6 中的内容为 10,则真正的地址为% MW14。

位寻址的具体地址范围及数量见表 2 - 6。

表 2 - 6 位寻址的具体地址范围及数量

类型			地址	数量/条
直接寻址	立即数	十进制数	$0000 \sim 9999$	
		十六进制数	$16\#0000 \sim FFFF$	
	输入字		$\% IWi.j$	$i = 0 \sim 3, j = 0 \sim 20$
	输出字		$\% QWi.j$	$i = 0 \sim 3, j = 0 \sim 10$
	内部字		$\% MWi$	$i = 0 \sim 512$
	系统字		$\% SWi$	$i = 0 \sim 127$
	常量字		$\% KWi$	$i = 0 \sim 64$
	功能块字		$\% TMi.P, \% Ci.P$	
间接寻址	内部字		$\% MWi [\% MWj]$	$0 \sim i + \% MWj < 512$
	常量字		$\% KWi [\% MWj]$	$0 \sim i + \% MWj < 64$

三、位串寻址与字表寻址的寻址格式及寻址范围

1. 位串寻址

位串是指一系列类型相同的相邻对象位,长度定义为 L。寻址格式为:

地址标识符% + 位首地址 + 分隔符 + 位串长度

例:% M8: 6   % M8 % M9 % M10 % M11 % M12 % M13

位串寻址的具体地址范围及数量见表 2 - 7。

表 2 - 7 位串寻址的具体地址范围

类型	地址	位串长度
输入位位串	$\% Ii.j: L$	$0 < L < 17$
输出位位串	$\% Qi.j: L$	$0 < L < 17$
系统位位串	$\% Si: L$ (i 为 8 的倍数)	$0 < L < 17$ 和 $i + L - 128$
内部位位串	$\% Mi: L$ (i 为 8 的倍数)	$0 < L < 17$ 和 $i + L - 128$

2. 字表寻址

字表是一系列类型相同的相邻的字，长度定义为 L。寻址格式为：

地址标识符% + 字首地址 + 分隔符 + 位串长度

例:%KW10：5

%KW10	16 位
%KW11	
%KW12	
%KW13	
%KW14	

字表寻址的具体地址范围见表2-8。

表2-8 字表寻址的具体地址范围

类型	地址	位串长度
内部字	%MWi：L	$0 < L < 512$ 和 $i + L - 512$
常量字	%KWi：L	$0 < L$ 和 $i + L - 64$
系统字	%SWi：L	$0 < L$ 和 $i + L - 128$

第二章 思 考 题

1. 可编程控制器是由哪几部分组成的？各组成部分的主要作用是什么？

2. 光电耦合电路有什么特点？

3. 可编程控制器的输出方式有哪几种？各有什么特点？

4. 简述可编程控制器的工作原理。

5. 什么是可编程控制器的周期扫描？哪些因素决定扫描周期的长短？

6. 在一个扫描周期中，如果在程序执行阶段输入状态发生变化，则输入镜像寄存器的状态是否也随之变化？为什么？

7. NEZA 系列 PLC 的存储器结构如何？其存储器寻址有哪些方式？

8. NEZA 系列 PLC 如何直接寻址？

9. NEZA 系列 PLC 指令的间接寻址是如何操作的？

第 三 章

NEZA 系列 PLC 指令系统

3.1 指令系统概述

根据用户控制要求，编写成程序输入到 PLC 中，然后 PLC 机按照程序进行工作。程序的编制就是用编程语言把一个控制任务描述出来。尽管国内外的 PLC 机生产厂家采用的编程语言不尽相同，但控制过程的表达方式基本上都采用梯形图、指令表（指令码）、逻辑功能图和高级语言。而大部分 PC 机采用梯形图和指令表语言编程。

一、指令表语言

所谓指令，就是用英文名称的缩写字母表达 PLC 的各种功能的符号，又称助记符。要求 CPU 完成某一操作的命令，采用语句的形式写出来，由指令来构成能完成控制任务的指令组合就是指令表。一条指令一般由指令代码（操作码）和操作数（作用器件编号）两部分组成。每条指令存放在内存的不同地址内，并给定一个编号。所以程序内的指令一般包括三部分，即

【编号】【指令代码】【操作数】

有的指令的操作数可能不止一个，也可以没有操作数。

一台 PC 机能执行全部指令的总和称为指令系统。PLC 型号和配置不同，其指令系统也不相同。

二、梯形图语言

梯形图是一种图形语言，它沿用了继电接触控制中的触点、线圈、串并联等术语和图形符号，并增加了一些继电接触控制中没有的符号。梯形图直观、形象，特别对于熟悉继电接触控制的工程技术人员来说，是很容易接受的。所以世界上各厂家生产的 PC 机都是把梯形图语言作为用户的第一编程语言。

梯形图语言（程序）是一种具有单电源，含左、右母线，有一定的"控制电器"和"负载"，呈梯形结构的二端网络图形。梯形图程序的画法规则是：将继电接触控制的电路稍微加以改动即可，一般电源不再画出，但规定左母线为高电位端，右母线可以省略不画。如图 3-1 所示的控制电路所对应的梯形图。这里必须注意，梯形图是程序的一种表示方法，它不是控制电路。

注意，梯形图中的每个输入与继电器逻辑图中的开关设备相关就以触点形式表示。继电器逻辑图中的 M1 输出线圈在梯形图中用输出线圈符号表示。梯形图中每个触点/线圈符号上的地址标号对应于 PLC 相连的外部输入/输出的位置。

在 NEZA 系列 PLC 中，梯形图符号的类型主要包括触点类、线圈类、数据处理类及功能块类。

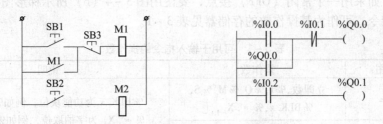

图 3-1 控制电路及梯形图示例

1. 触点类指令

触点类指令有动合、动断、微分等类型，用于代表输入控制信息，也称为测试信息，反映 PLC 外部输入接线端子的信号状态及内部寄存器位的 ON/OFF 状态，如图 3-2 所示。使用触点类指令时，必须标明触点的地址，也就是触点的操作对象。在梯形图程序中，这类指令可以自由地串联和并联连接。

2. 线圈类指令

线圈类指令通常理解为逻辑输出的操作结果，可直接通过 PLC 接线端子输出，也可以用于 PLC 内部寄存器位的操作，如图 3-3 所示。使用线圈类指令时，也必须标明线圈的操作地址，且只能用逻辑运算的结果来驱动。

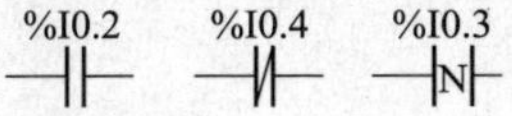

图 3-2 梯形图中的触点类指令 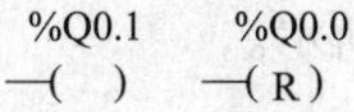　　　　图 3-3 梯形图中的线圈类指令

3. 数据处理类指令

数据处理类指令主要用于数据的赋值、比较、运算、移位与转换等操作。对于比较指令，有真假两种结果，相当于触点指令的两个逻辑状态 ON/OFF，与触点指令用法一样。对于赋值、运算、移位与转换指令，需一定条件才能执行，其结果是改变存储单元的数值，在用法上必须提供参与处理的数据所在位置及处理结果的存放位置。

4. 功能块类指令

功能块类指令完成的任务不是一种简单的逻辑运算或算术运算，而是某种特定的控制任务，如定时器、计数器、鼓形控制器、脉冲发生器等。这类功能块指令编程时，除需对其进行必要的输入、输出信号编程外，还需对其进行必要的参数设置。

3.2 基本指令

逻辑指令是 PLC 最基本的指令，也是任何一种 PLC 不可缺少的指令。

一、输入指令

1. 输入指令的梯形图格式

输入指令的梯形图格式如图 3-4 所示。

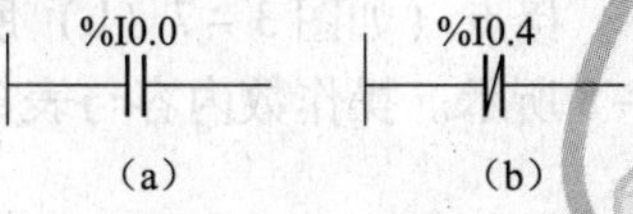

图 3-4 输入指令

2. 输入指令的功能

输入指令用来开始一个逻辑行，即在程序中每一个逻辑行或者一个程序段的开始时，如果用一个常开（ON）接点，要使用图 3-4（a）

所示梯形图；如果用一个常闭（OFF）接点，要使用图3-4（b）所示梯形图。

对于该指令，可作为其操作数的存储器见表3-1。

表3-1 可用于输入指令的操作数

指令梯形图	操作数	说明
%I0.0	立即数,%I,%Q,%M,%S, %BLK. x,% * . X_K,[	%BLK. x 为功能块位，例如%TMi. Q； % * . X_K 为字抽取位，例如%MWi. X_K
%I0.4	%I,%Q,%M,%S, %BLK. x,% * . X_K,[	[为比较表达式，例如 [%MWi < 1 000

二、逻辑与指令

1. 逻辑与指令的梯形图格式

逻辑与指令的梯形图格式如图3-5所示。

2. 逻辑与指令的功能

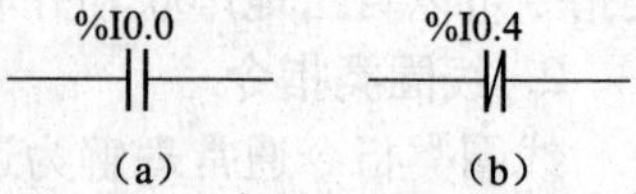

若串联一个常开（ON）接点（如图3-5（a）所示），
即把原来保存在寄存器中 R 的逻辑操作结果与该操作数的内
容相"与"，并把这一结果又存入寄存器 R 中；若串联一个
常闭（OFF）接点（如图3-5（b）所示），执行中须将该操作数的内容取反，其逻辑操
作图如图3-6所示。

%I0.0　　　%I0.4
(a)　　　　(b)
图3-5 逻辑与指令

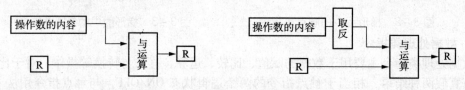

图3-6 逻辑与指令的逻辑功能

该指令的操作数内容与表3-1相同。

三、逻辑或指令

1. 逻辑或指令的梯形图格式

逻辑或指令的梯形图格式如图3-7所示。

2. 逻辑或指令的功能

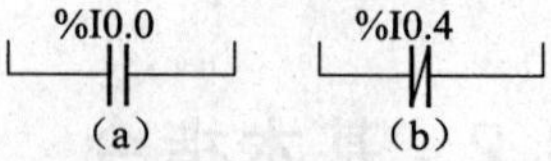

若并联一个常开（ON）接点（如图3-7（a）所示），即把
原来保存在寄存器中 R 的逻辑操作结果与该操作数的内容相
"或"，并把这一结果又存入寄存器 R 中；若并联一个常闭
（OFF）接点（如图3-7（b）所示），执行中须将该操作数的内容取反。其逻辑操作图如
图3-8所示。操作数内容与表3-1相同。

%I0.0　　　%I0.4
(a)　　　　(b)
图3-7 逻辑或指令

图3-8 逻辑或指令的逻辑操作

四、输出指令

1. 输出指令的梯形图格式
输出指令的梯形图格式如图 3 - 9 所示。

2. 输出指令的功能
该指令为线圈驱动指令，若将逻辑操作的结果输出给一个指定的操作数则如图 3 - 9 （a） 所示，若取反输出逻辑操作的结果，则如图 3 - 9 （b） 所示。其逻辑操作图如图 3 - 10 所示。

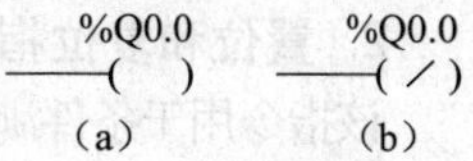

图 3 - 9　输出指令

图 3 - 10　逻辑或指令的逻辑操作

该指令的操作数见表 3 - 2。

表 3 - 2　可用于输出指令的操作数

指令梯形图	操作数
%Q0.0 ——（／） %0.0 ——（ ）	$\%Q, \%M, \%S, \%BLK. x, \% *.Xk$

五、微分指令

1. 微分指令的梯形图格式
微分指令的梯形图格式如图 3 - 11 所示。

2. 微分指令的功能
该指令用于条件满足时，产生一个扫描周期的脉冲。如图 3 - 12 所示。图 3 - 11 （a） 是对输入信号的上升沿微分，图 3 - 11 （b）是对输入信号的下降沿微分，并将微分结果送入指定的操作数中。

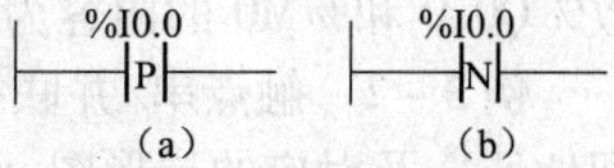

图 3 - 11　输出指令

无论输入信号的脉冲宽度有多长，所产生的输出时间段都是不变的（一个扫描周期）。上升沿微分的输出是与输入信号的上升沿同时的；而下降沿微分的输出是与输入信号的下降沿同时的，它们相当于在不同时刻的按钮信号。

微分指令在应用时不仅适用于输入信号，同样也适用于逻辑与和逻辑或信号。

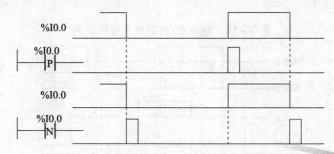

图 3 - 12　微分指令的输入、输出关系

该指令的操作数仅可为 %I 和 %M。

六、置位和复位指令

1. 置位和复位指令的梯形图格式

置位和复位指令的梯形图格式如图 3 – 13 所示。

2. 置位和复位指令的功能

该指令用于条件满足时，可使线圈置位，如图 3 – 13 （a），也可使线圈复位，如图 3 – 13 （b）。相当于触发器的异步置位端和异步复位端。该指令的操作数同表 3 –2 。

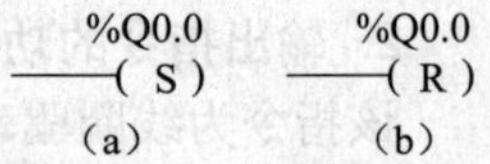

```
%Q0.0          %Q0.0
—( S )         —( R )
 (a)            (b)
```

图 3 –13　输出指令

七、应用程序举例

例 3 – 1　输入/输出指令的应用举例。图 3 – 14 为电气原理（已分配地址）；图 3 – 15 为对应的梯形图。

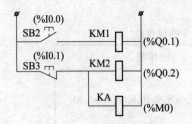

图 3 –14　电气原理 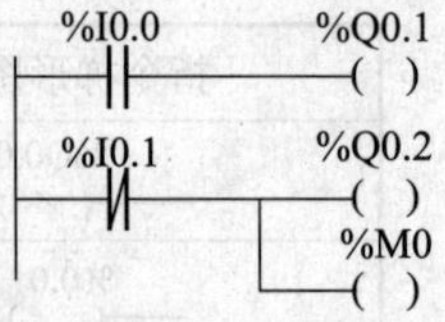　　　　图 3 –15　对应梯形图

若按下图 3 – 14 中的 SB2，则在图 3 – 15 中第一个梯级的输入指令的操作数%I0.0 的内容为 1，输出指令的操作数%Q0.0 的内容为 1，否则反之。

若按下 SB3，则第二个梯级的输入指令的操作数%I0.1 的内容为 0，输出指令的操作数%Q0.0 和%M0 的内容为 0，否则反之。

例 3 – 2　触点串/并联指令的应用举例。图 3 – 16 为电气设备两地控制原理图（已分配地址）及对应的梯形图，图 3 – 17 为输入/输出关系波形图。

梯形图程序：

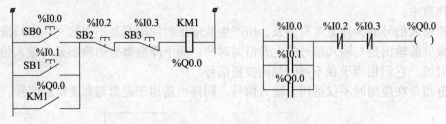

图 3 –16　触点串/并联指令应用举例

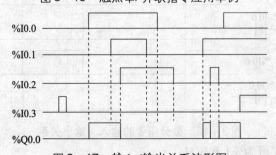

图 3 –17　输入/输出关系波形图

例3-3 将电动机正反转控制梯形图程序中的线圈指令用置位和复位指令实现。控制程序如图3-18所示。

图3-18中,%I0.1和%I0.2为启动按钮,%I0.0为停止按钮,%Q0.1和%Q0.2分别为正转和反转输出线圈。

当按下%I0.1时,置位指令将正转输出线圈置1,完成电动机正向启动。同时,在RUNG3梯级中将反转输出线圈置0,完成机械互锁。正转输出线圈置1的同时,其常开触点也在RUNG3梯级中完成电气互锁。

当按下当按下%I0.1时,同样完成上述功能。

当按下当按下%I0.0时,无论此时正转还是反转,均将输出线圈置0,电动机停。

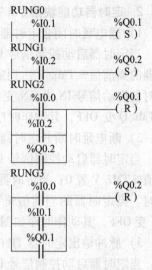

图3-18 用置位复位指令
实现电动机正反转

3.3 常用功能块指令

在NEZA系列PLC中,常用功能块指令有定时器、计数器、鼓形控制器、移位寄存器和步进计数器五种,使用这些指令可以很容易地实现生产现场中的定时计数控制及各种步进控制。

一、定时器功能块指令%TMi

定时器功能块指令的功能类似于继电-接触器控制电路中的时间继电器,可以用来按时间原则控制负载的启动、停止或其他电气设备的工作。

1. 定时器功能块指令%TMi 的编程格式

定时器功能块的编程格式如图3-19所示。图中各符号的含义如下:

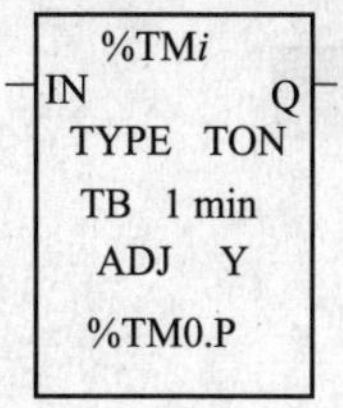

```
    %TMi
 ─IN      Q─
  TYPE TON
  TB  1 min
  ADJ  Y
   %TM0.P
```

图3-19 定时器功能
块的梯形图格式

(1)%TMi 表示第 i 个定时器功能块。在NEZA系列PLC中,定时器功能块共有32个,即 i = 0~31。在设置定时器编号时,系统默认编号为0。

(2)IN为定时器启动控制输入信号,当条件满足时即IN由0变1(TON型)时,或由1变0(TOF型)时定时器启动。

(3)Q为定时器输出信号。根据不同类型的定时器,在满足输出条件时输出由0变1。

(4)TYPE表示定时器的类型。在NEZA系列PLC中,定时器的类型分为通电延时闭合型TON、断电延时断开型TOF和脉冲输出型TP三种,默认为TON型。各类型的具体功能见后面的叙述。

(5)TB表示定时分辨率。在NEZA系列PLC中,定时分辨率可设置为1 min、1 s、100 ms、10 ms和1 ms五种,系统默认为1 min。

(6)ADJ表示定时器的预设值是否可改变。若允许改变,设置为Y,否则设置为N,系统默认为Y。

(7)%TMi. P表示定时器的预设值,默认为9999,可在0~9999之间任选。

2. 定时器功能块指令%TM*i*的功能

1）通电延时闭合定时器 TON 的功能

当定时器启动控制信号 IN 由 OFF 变 ON 时，定时器开始以 TB 为时基进行计时。当定时器的当前值%TM*i*.V 达到定时器的预设值%TM*i*.P 时，定时器输出 Q 由 OFF 变 ON；当定时器启动信号 IN 由 ON 变 OFF 时，定时器%TM*i* 复位，即当前值%TM*i*.V 置0、输出位%TM*i*.Q 变 OFF，其动作时序如图3－20所示。

2）断电延时断开定时器 TOF 的功能

当定时器启动控制信号 IN 由 OFF 变 ON 时，定时器输出 Q 由 OFF 变 ON，定时器当前值%TM*i*.V 置0；当定时器启动信号 IN 由 ON 变 OFF 时，定时器开始以 TB 为时基进行计时。当定时器的当前值%TM*i*.V 达到定时器的预设值%TM*i*.P 时，输出位%TM*i*.Q 由 ON 变 OFF，其动作时序如图3－21所示。

3）脉冲输出定时器 TP 的功能

当定时器启动控制信号 IN 由 OFF 变 ON 时，定时器开始以 TB 为时基进行计时，同时定时器输出 Q 由 OFF 变 ON。当定时器当前值%TM*i*.V 达到定时器的预设值%TM*i*.P 时，定时器输出 Q 由 ON 变 OFF。此时，若 IN 为 ON，则保持%TM*i*.V 等于%TM*i*.P；若 IN 为 OFF，则%TM*i*.V 等于0。定时器一旦启动，在设定值时间内，无论 IN 发生多少次 ON/OFF改变，均不会影响定时器的输出 Q，其动作时序如图3－22所示。

不论定时器的功能块用途如何，它们的编程方法相同。配置时选择功能类型 TON、TOF、TP。同时还需配置定时器的时基 TB 和设定值%TM*i*.P。

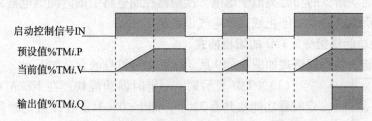

图3－20　通电延时闭合定时器 TON 的功能

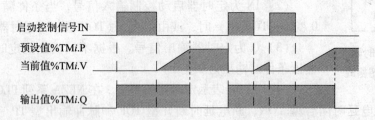

图3－21　断电延时断开定时器 TOF 的功能

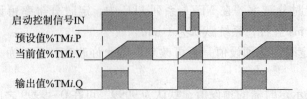

图3－22　脉冲输出定时器 TP 的功能

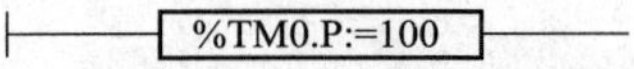

```
┤   %TM0.P:=100   ├
```

图3-23　在程序中修改定时器的设定值

定时器的设定值在程序中是可以修改的，只需对%TMi.P进行赋值，如图3-23所示，定时器0的设定值设为100×TB。此时还需将定时器的参数ADJ选为Y。

定时器的精度与设定值有关。定时器的设定值越高，定时器的精度也越高。如程序中预设值为120 s，则可选择的设定方式可以为2×min、120×s、1200×100 ms。定时器的精度最高的是1200×100 ms。

3. 定时器功能块指令%TMi的应用举例

例3-4　设有一盏信号指示灯，信号启动指示灯被点亮，10 s后自动熄灭。

梯形图程序如图3-24所示。

程序中，%I0.0作为启动按钮，%I0.1为停止按钮，%Q0.0为指示灯。梯形图中，当指示灯被点亮后，通电延时闭合型计时器来实现10 s延时。延时到达后，利用定时器的输出Q启动内部位%M0，利用%M0的常闭接点断开指示灯回路，实现和停止按钮%I0.1同样的功能。在指示灯回路断开后，定时器%TM0复位，为下次运行做好准备。

例3-5　设计3台电动机间隔5 s分时顺序启动控制程序梯形图程序如图3-25所示，硬件接线图如图3-26所示。

分析：按下启动按钮SB1（%I0.0），输出位%Q0.0得电并自锁，驱动第一台电动机启动。

第一台电动机启动时，定时器%TM0启动，经5 s延时，定时器输出%TM0.Q置1，使输出位%Q0.1得电，驱动第二台电动机启动。第二台电动机启动时，定时器%TM1启动，再经5 s延时，定时器输出%TM1.Q置位，使输出位%Q0.2得电，驱动第三台电动机启动。

按下停止按钮SB2（%I0.1），输出位%Q0.1断电使第一台电动机停止，同时定时器%TM0复位，输出位%Q0.2断电，使第二台电动机停止，同时也使%TM1复位，%Q0.2断电，使第三台电动机停止。

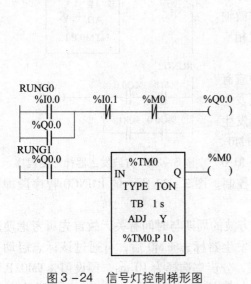

图3-24　信号灯控制梯形图 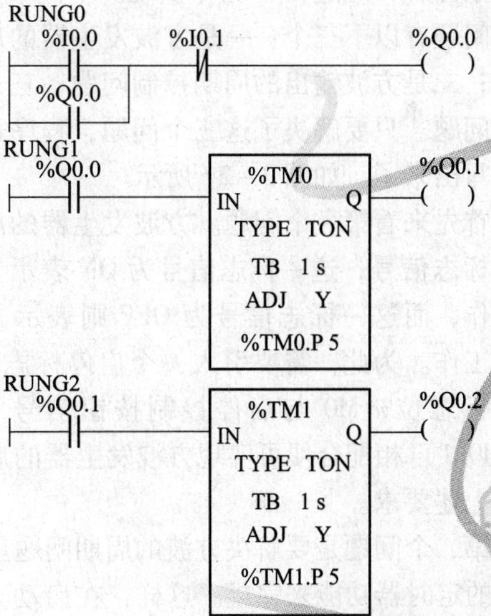　　　图3-25　三台电动机间隔5 s分时顺序启动控制程序

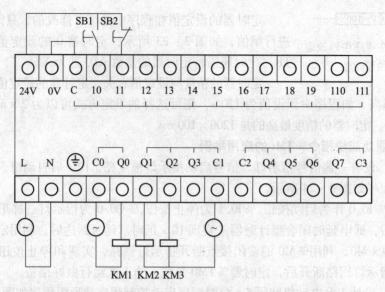

图 3-26　三台电动机间隔 5 s 分时顺序启动控制程序接线图

图中 KM1、KM2、KM3 分别为驱动三台电动机的接触器线圈，SB1、SB2 分别为启动按钮和停车按钮。

例 3-6　方波发生器梯形图程序的设计。

假设方波通过 %Q0.0 输出，其周期为 2 s。%I0.0 为启动按钮，%I0.1 为停止按钮，试编写其梯形图程序。

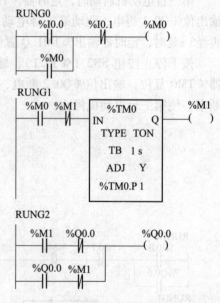

图 3-27　方波发生器梯形图程序

分析过程：编写这类程序，通常采用逻辑推理法，也就是根据方波输出的需要，推断产生方波的各种条件，并通过 PLC 指令实现。本例中要考虑的主要问题有以下三个：一是方波发生器的启动停止问题；二是方波输出的周期控制问题；三是方波输出的问题。只要解决了这三个问题，程序也就相应地编写出来了。如图 3-27 所示。

首先来看第一个问题。方波发生器的启停应有一个标志信号，这一标志信号为 ON 表示方波发生器工作，而这一标志信号为 OFF 则表示方波发生器不工作。为此，需要引入一个启停标志位 %M0。启停标志位 %M0 与启停控制按钮信号（%I0.0 和 %I0.1）相配合便可实现方波发生器的启停控制。图 3-27 所示的 RUNG0 程序段即可满足上述要求。

第二个问题是要解决方波的周期问题。因方波的周期与时间有关，故首先可考虑使用 PLC 的定时器功能来完成。这样，在启动方波发生器标志 %M0 后，可通过该标志启动一个定时器 %TM0。定时器 %TM0 选择 TON 类型，分辨率选择为 10 ms，预设值 %TM0.P 设置为 100，则在 %M0 启动后，定时器 %TM0 便开始定时，经 1 s 延时，定时器输出位

%TM0.Q置位，产生一个1 s信号。这个1 s信号可用于控制方波的输出，应该每秒钟产生一个。为此，需引入一个内部位%M1来控制该信号的不断发出。图3-27所示的RUNG1程序段即可满足这一要求。

有了方波控制信号后，需进一步研究方波的输出问题。上述方波控制信号%M0是一个只有一个扫描周期宽度的脉冲信号，怎样把这一信号转换为方波输出，这就要利用PLC周期扫描的工作原理。利用这一原理，可在第一个脉冲信号到来时启动方波输出位%Q0.0，而在第二个脉冲到来时停止方波输出位%Q0.0。这一工作过程可通过图3-27所示的RUNG2程序段来实现。

改变定时器%TM0的预设值%TM0.P，可改变方波发生器输出方波的周期，如将周期值改为2 s。

例3-7 运料小车控制

有运料小车工作过程如图3-28所示，动作要求如下：

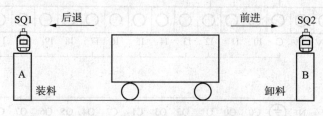

图3-28 运料小车动作示意

（1）小车可在A、B两地分别启动。A地启动后，小车先返回A点，停车1 min等待装料，然后自动驶向B点，到达B点后停车1 min等待卸料，然后返回A点，如此往复。小车若从B地启动，先返回B点，停车1 min等待卸料，然后自动驶向A点，停车1 min等待装料，如此往复。

（2）小车运行到达任意位置，均可用手动停车开关令其停车。再次启动后，小车重复（1）中内容。

（3）小车前进、后退过程中，分别由指示灯指示其行进方向。

此系统的继电控制电路图如图3-29所示，硬件接线图如图3-30所示，I/O分配表如表3-3所示，控制程序读者自行设计。

图中SB为停止按钮，SB1为后退启动按钮，SB2为前进启动按钮，KM1为后退继电器，KM2为前进继电器，KT1为装料延时继电器，KT2为卸料延时继电器，ST1为A点行程开关，ST2为B行程开关，HL1为后退指示灯，HL2为前进指示灯。

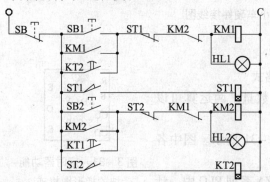

图3-29 运料小车继电控制电路

表3-3　运料小车控制 I/O 分配

输入			输出		
序号	输入点	输入端子	序号	输出点	输出端子
1	停止按钮 SB	%I0.0	1	后退继电器 KM1	%Q0.0
2	后退启动按钮 SB1	%I0.1	2	前进继电器 KM2	%Q0.1
3	前进启动按钮 SB2	%I0.2	3	后退指示灯 HL1	%Q0.2
4	行程开关 ST1—A	%I0.3	4	前进指示灯 HL2	%Q0.3
5	行程开关 ST2—B	%I0.4			

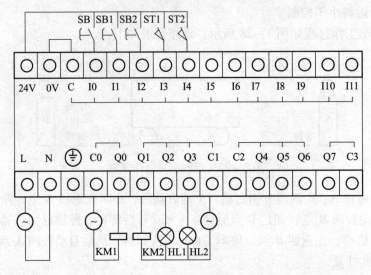

图3-30　运料小车硬件接线图

二、加/减计数器功能块指令 %C_i

1. 加/减计数器功能块指令 %C_i 的编程格式

加/减计数器功能块用于加/减记录事件数量。两运算可以同时进行。

加/减计数器功能块的编程格式如图 3-31 所示。图中各符号的含义如下：

图3-31　定时器功能块的梯形图格式

①%C_i 表示第 i 个计数器功能块，在 NEZA 系列 PLC 中，计数器功能块共有 16 个，即 $i = 0 \sim 15$。

②R 为计数器复位输入信号，当 R 由 0 变 1（由 OFF 变 ON）时，计数器的当前值 %C_i.V 置 0。

③S 为计数器置位输入信号，当 S 由 0 变 1（由 OFF 变 ON）时，计数器的当前值 %C_i.V 置 1。

④CU 为计数器的加计数输入信号，当 CU 信号的上升沿出现时，计数器进行加计数操作。每出现一次，计数器的当前值 %C_i.V 加 1。

⑤CD 为计数器的减计数输入信号，当 CD 信号的上升沿出现时，计数器进行减计数操作。每出现一次，计数器的当前值 $\%C_i.V$ 减 1。

⑥E 为计数器下溢出标志输出位，当减计数器 $\%C_i$ 从 0 变为 9 999 时，$\%C_i.E=1$。如果计数器当前值继续减少则复位为 0。

⑦D 为计数器的输出位，当计数器的当前值 $\%C_i.V$ 等于预设值 $\%C_i.P$ 时，$\%C_i.D=1$。

⑧F 为计数器上溢出标志输出位，当加计数器 $\%C_i$ 从 9 999 变为 0 时，$\%C_i.F=1$。如果计数器当前值继续增加则复位为 0。

⑨ADJ 用于设置计数器的预设值是否允许改变。若允许改变设置为 Y，否则设置为 N，系统默认为 Y。

⑩$\%C_i.P$ 表示计数器的预设值，默认为 9 999，可在 0~9 999 之间任选。

2. 计数器功能块 $\%C_i$ 的功能

加/减计数器功能块指令 $\%C_i$ 具有加计数器、减计数器及加/减计数器的功能。

1）加计数器

当加计数器的输入条件 CU 出现一个上升沿时，计数器的当前值 $\%C_i.V$ 将加 1。当计数器的当前值 $\%C_i.V$ 等于预设值 $\%C_i.P$ 时，计数器的输出位 $\%C_i.D$ 将由 0 变 1。当计数器的当前值 $\%C_i.V$ 达到 9999 后再加 1 时，则当前值 $\%C_i.V$ 将变为 0，满输出位 $\%C_i.F$ 将置 1。在满输出位 $\%C_i.F$ 置 1 以后，若计数器继续增加，则输出位 $\%C_i.D$ 复位。

2）减计数器

当减计数器的输入条件 CD 出现一上升沿时，计数器的当前值 $\%C_i.V$ 将减 1。当计数器的当前值 $\%C_i.V$ 等于预设值 $\%C_i.P$ 时，计数器的输出位 $\%C_i.D$ 将由 0 变 1。当计数器的当前值 $\%C_i.V$ 达到 0 后再减 1 时，则当前值 $\%C_i.V$ 将变为 9 999，空输出位 $\%C_i.E$ 将置 1。在空输出位 $\%C_i.E$ 置 1 以后，若计数器继续减少，则输出位 $\%C_i.D$ 复位。

3）加/减计数器

若同时对加计数输入 CU 和减计数输入 CD 进行编程，则将组成一个加/减计数器。加/减计数器分别对加计数输入 CU 和减计数输入 CD 信号进行加/减计数处理，若 CU、CD 同时输入计数器当前值保持不变。

4）计数器的复位

当复位输入 R 由 0 变 1 时，计数器的当前值 $\%C_i.V$ 被强制为 0，其他各位也被强制为 0，并且复位输入优先。

5）计数器的置位

当置位输入 S 由 0 变 1 时，计数器的当前值 $\%C_i.V$ 被强制等于预设值 $\%C_i.P$，且输出位 $\%C_i.D$ 置 1。

6）加/减计数器的设定值

在程序中是可以修改的，只需对 $\%C_i.P$ 进行赋值，如图 3-32 所示。此时还需将计数器的参数 ADJ 选为 Y。

图 3-32　在程序中修改计数器的设定值

3. 加/减计数器功能指令%Ci应用举例

例3-8　闪光20次自动停止的程序。

在图3-33所示的闪光20次自动停止的程序中，闪光控制部分RUNG0、RUNG1、RUNG2程序段来完成，这部分程序就是分析过的方波发生器程序，而闪光20次自动停止的控制则是通过RUNG3程序段来实现的。

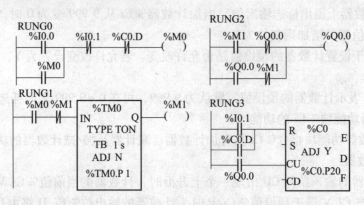

图3-33　闪光20次自动停止的程序

为了实现闪光20次自动停止的控制功能，首先需考虑对输出位%Q0.0进行20次的计数。为此，要采用计数器功能块指令%Ci。由图3-20所示程序可知，%Q0.0作为计数器功能块的加计数输入信号，计数器预设值%C0.P为20。那么，当计数器的当前值%C0.V等于预设值%C0.P时，怎样才能实现闪光的自动停止呢？根据计数器功能块指令的功能，当计数器的当前值等于预设值时，计数器的输出位%Ci.D将置1，可以利用计数器的输出位%C0.D来控制闪光的停止。为此，在程序段RUNG0梯级中串联了%C0.D的动断触点，一旦计数器%C0的当前值等于预设值，%C0.D动断触点将断开，从而实现闪光20次自动停止要求。

在图3-31所示的程序段RUNG3梯级中，计数器%C0的复位输入并联了%I0.1和%C0.D两个动合接点，其作用是保证下一次闪光程序的正常启动。灯光闪烁20次停止后，若不能将计数器自动复位，则闪光控制将不能启动。为此，设置%C0.D作为计数器的复位输入。若闪光在中途被人为（使用%I0.1）停止，则再次启动闪光时，闪光次数将不能保证为20次。为此，设置%I0.0也作为计数器的复位输入。

三、鼓形控制器功能块指令%DRi

鼓形控制器功能块的工作原理与机电类电子凸轮器相似，也是根据外部环境改变步序。机电类电子凸轮器的控制器中凸轮的高点给出的命令由该控制器执行。相应的，在鼓形控制器功能块中，用状态为1来代表每一步的高点，并赋值给输出位%Qi.j或内部位%Mi作为控制位。

1. 鼓形控制器功能块指令%DRi的编程格式

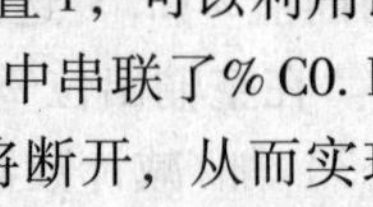

鼓形控制器功能块的编程格式如图3-34所示。图中各符号的含义如下：

①%DRi表示第i个鼓形控制器，在NEZA系列PLC中，共有

图3-34　鼓形控制器功能块的编程格式

4 个鼓形控制器可用，即 $i = 0 \sim 3$。

②R（RESET）为鼓形控制器的复位输入端，也称回 0 端。当其有控制位出现上升沿时，鼓形控制器回到第 0 步。

③U（UP）为鼓形控制器的控制输入端，每当其到来时，鼓形控制器均向前进一步并更新控制位。

④F（FULL）为鼓形控制器的输出端，当鼓形控制器运行到最后一步时，该位被置 1。

⑤STEPS$i.S$ 为鼓形控制器的控制步数，由编程软件（PL707WIN）设置。在 NEZA 系列 PLC 中，步数最多可设置 8 步，即 $S = 0 \sim 7$。

使用鼓形控制器功能块指令时，还需通过软件设置其每一步的控制位。在编程软件（PL707WIN）中，设置界面如图所示。

可以看出，鼓形控制器功能块的每一步对应 16 个位。每一位读者可以自行定义对应的输出位或内部位。注意每一位只能控制输出位或内部位。

2. 鼓形控制器功能块指令 %DRi 的功能。

每一个鼓形控制器功能块指令 %DRi 最多可设置 8 个控制步，控制步数的设置在图 3-35 中的对话框中进行。PLC 运行后，当程序执行 %DRi 指令时，该鼓形控制器处于步 0。

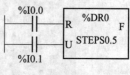

图 3-36　梯形图程序

当控制端 U 每出现一个上升沿时，鼓形控制器由当前步前进一步，并刷新相应控制位。当其复位端 R 出现上升沿时，鼓形控制器由当前步返回到初始步。

当鼓形控制器运行到设置的最后一步时，其输出位 %DRi.F 置 1。

3. 鼓形控制器功能块指令 %DRi 的应用举例

例 3-9　手动控制四盏灯，PLC 运行后，按一次控制按钮第 1、2 盏灯亮；按两次第 3、4 盏灯亮；按三次第 1、4 盏灯亮；按四次第 2、3 盏灯亮；按五次灯全灭，循环执行。执行到任意步，按复位按钮灯全灭。

I/O 及控制步对应位分配见表 3-4，梯形图程序见图 3-36，鼓形控制器功能块参数配置见图 3-37。

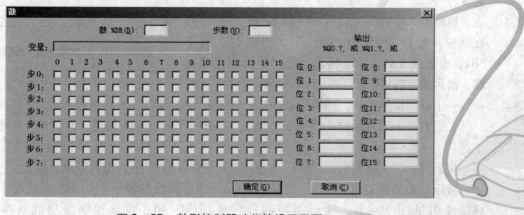

图 3-35　鼓形控制器功能块设置界面

表3-4　I/O及控制步对应位分配

I/O分配	序号	输入/出设备	端子	步号	输出位	
输入点	1	复位按钮 SB0	%I0.0	0	无对应输出位	
	2	控制按钮 SB1	%I0.1	1	% Q0.0	% Q0.1
输出点	1	灯1：位0	%Q0.0	2	% Q0.2	% Q0.3
	2	灯2：位1	%Q0.1	3	% Q0.0	% Q0.3
	3	灯3：位2	%Q0.2	4	% Q0.1	% Q0.2
	4	灯4：位3	%Q0.3			

控制步对应位

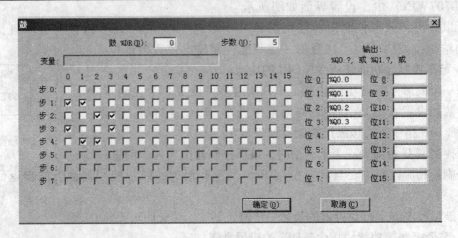

图3-37　鼓形控制器功能块参数配置

例3-10　二次工进的液压动力滑台电气控制。动力滑台工作循环如图3-38所示。

液压动力滑台工作状态的变化是通过行程开关使不同的电磁铁得电，从而改变不同换向阀的位置，进而改变油路，以获得不同的动作方向及动作速度。

原位时，电磁铁 YA1～YA4 均不得电，滑台停在原位，行程开关 SQ1 被压下。快进时，按下 SB1，电磁铁 YA1、YA3 得电，通过换向阀改变油路，滑台快速前进。

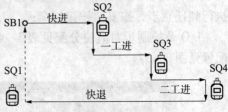

图3-38　动力滑台工作循环图

一工进，快进到位，挡铁压动 SQ2，电磁铁 YA1 得电，滑台由快进转为一工进。

二工进，一工进到位，挡铁压动 SQ3，电磁铁 YA1、YA4 得电，滑台由一工进转为二工进。

快退时，二工进到位，挡铁压动 SQ4，电磁铁 YA2 得电，滑台退原位停止。

液压动力滑台工作中驱动元件见表3-5，梯形图控制程序 I/O 分配表见表3-6，硬件接线图见图3-39，梯形图控制程序见图3-40，鼓形控制器功能块参数配置见图3-41。

表3-5 液压动力滑台驱动元件表

滑台状态	电磁铁				转换主令
	YA1	YA2	YA3	YA4	
快进	+	−	+	−	SB1
一工进	+	−	−	−	SQ2
二工进	+	−	−	+	SQ3
快退	−	+	−	−	SQ4
停止	−	−	−	−	SQ1

表3-6 液压动力滑台控制的I/O分配表

输入			输出		
序号	输入点	输入端子	序号	输出点	输出端子
1	系统启动按钮	%I0.0	1	电磁铁 YA1	%Q0.0
2	原位行程开关 SQ1	%I0.1	2	电磁铁 YA2	%Q0.1
3	快进转一工进行程开关 SQ2	%I0.2	3	电磁铁 YA3	%Q0.2
4	一工进转二工进行程开关 SQ3	%I0.3	4	电磁铁 YA4	%Q0.3
5	二工进转进快退行程开关 SQ4	%I0.4			

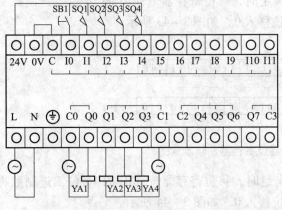

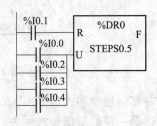

图3-39 液压动力滑台控制PLC实验接线图　　　图3-40 液压动力滑台控制程序

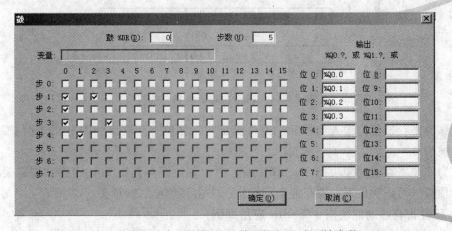

图3-41 液压动力滑台控制的鼓形控制器功能块参数配置

四、移位寄存器功能块指令%SBR*i*

移位寄存器功能块用于存放16位二进制数据（0或1），相当于一个串行的移位寄存器，常用于步进移位控制。

1. 移位寄存器功能块指令%SBR*i*的编程格式

移位寄存器功能块的编程格式如图3-42所示。图中各符号的含义如下：

①%SBR*i*表示第*i*个移位寄存器，在NEZA系列PLC中，共有8个移位寄存器可用，即*i*=0~7。

②R（RESET）为移位寄存器的复位输入端。当其有控制位出现上升沿时，第*i*个移位寄存器功能块中存放的16位二进制数据均置0。

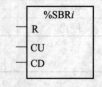

图3-42 移位寄存器功能块梯形图格式

③CU为移位寄存器的左移输入端，每当上升沿到来时，移位寄存器中的16位二进制数向左移动一位。

④CD为移位寄存器的右移输入端，每当上升沿到来时，移位寄存器中的16位二进制数向右移动一位。

2. 移位寄存器功能块指令% SBR*i*的功能

当左移位控制输入信号CU的条件满足时，移位寄存器%SBR*i*的16位二进制数将依次向左移动一位，最高位被丢失，最低位移入0，如图3-43所示。

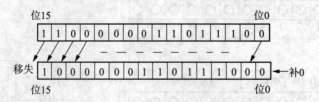

图3-43 移位寄存器左移示意图

当右移位控制输入信号CD的条件满足时，移位寄存器%SBR*i*的16位二进制数将依次向右移动一位，最低位被丢失，最高位移入0，如图3-44所示。

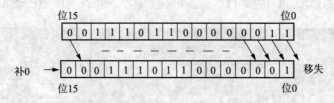

图3-44 移位寄存器右移示意图

当移位寄存器复位输入信号R的条件满足时，移位寄存器%SBR*i*中的16位二进制数据全部被清0。

在为移位寄存器功能块指令%SBR*i*编程时，移位寄存器%SBR*i*中的数据需要通过程序进行预置。否则移位寄存器只能空移操作，失去移位控制的意义。

3. 移位寄存器功能块指令%SBR*i*应用举例

例3-11 设计一个彩灯依次点亮循环控制程序。

设计一个八只彩灯依次点亮 1 s 并不断循环的控制程序。设%I0.0 为启动点亮输入信号,%I0.1 为停止输入信号,%Q0.0 ~ %Q0.7 为八只彩灯对应的 PLC 输出。

为实现上述控制要求,本例采用移位寄存器功能块指令%SBRi 来实现八只彩灯的自动依次点亮,如图所示。在编写程序时需考虑以下几个问题:

①输出激活问题,也就是%Q0.0 ~ %Q0.7 由谁来控制的问题。本例输出采用移位寄存器的位值来控制,即采用%SBR2.0 ~ %SBR2.7 来分别接通%Q0.0 ~ %Q0.7。

②依次点亮问题,即怎样使彩灯一个一个地依次点亮。本例依次点亮采用移位寄存器的自动移位来实现,移位的控制由秒脉冲发生器来完成。

③启动及循环控制问题,即按下启动按钮后,怎样实现第一只彩灯的点亮,并不断依次循环下去。本例在所有灯均不亮时,利用输出的常闭触点使%SBR2 的 0 位置 1。当各彩灯依次点亮一次后,又会回到初始状态实现不断循环点亮。

④停止及复位问题,即按下停止按钮后,怎样实现灯亮的全部停止。

控制程序如图 3 - 45 所示。

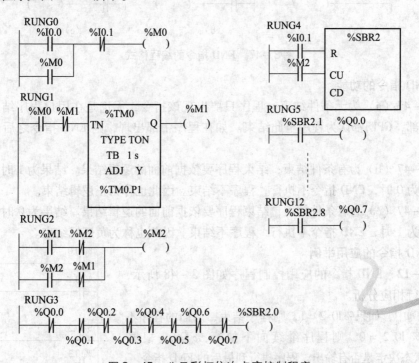

图 3 - 45 八只彩灯依次点亮控制程序

由图 3 - 45 所示可知,若停止时不对移位寄存器进行复位,那么会存在移位寄存器中某位仍为 1 的状态,导致彩灯不能全部熄灭。为此,本例在复位端使用了%I0.1(停止按钮)对移位寄存器进行复位控制,使移位寄存器 16 位均清 0,从而保证了彩灯的全部熄灭。

在本例中,如果将 RUNG3 梯级置换为图 3 - 46 所示梯级,并在复位输入触点%I0.1 处并联触点%SBR2.9。程序执行后将会是什么现象?请读者自行分析。

%M0   %SBR2.0
─┤├─────────( )───

图 3 - 46 RUNG3
置换后梯级

3.4 程序控制指令

程序控制指令主要包括条件结束指令、跳转指令与跳转结束指令、子程序调用指令与子程序返回指令，它们主要用于控制程序的执行过程，引导程序进行有计划的工作。

一、程序结束指令 END

每个完整的程序最后必须有一条 END 指令。CPU 在执行循环扫描时识别到 END 指令，才认为用户程序结束。否则 PLC 主机面板上 ERR 灯闪烁，表明用户程序出错，同时 RUN 灯闪烁，表明 PLC 停止运行。

1. END 指令的编程格式

END 指令的编程格式如图 3–47 所示。

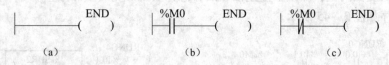

图 3–47 END 指令的编程格式

2. END 指令的功能

图 3–47（a）为无条件结束。程序只要出现该指令，无论是在用户程序结尾，还是在程序中部，CPU 都认为程序至此结束。如在程序中部出现，则 END 指令之后的程序不执行。

图 3–47（b）为有条件结束，结束程序要依据前面的逻辑结果。结果为 1 时，程序结束；结果为 0 时，END 指令不执行，程序不结束。因此也称为正逻辑结束。

图 3–47（c）为有条件结束，结束程序要依据前面的逻辑结果。结果为 0 时，程序结束；结果为 1 时，END 指令不执行，程序不结束。因此也称为负逻辑结束。

3. END 指令的应用举例

例 3–12 END 指令的应用控制程序如图 3–48 所示，试对其进行相应分析。

在本例中，如果 %I0.2 = 1，则程序结束，后面的程序不执行。若 %I0.2 = 0，则程序继续向下执行，%Q0.3 根据 %I0.3 的状态决定是否有输出，程序执行到最后的 END 指令。

4. 空操作指令 NOP

在使用指令表语言编程时使用，使该步操作不执行。若在程序中预先插入一些 NOP 指令，在修改程序时可避免修改地址序号，达到简化编程的目的。

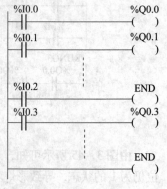

图 3–48 END 指令的
应用控制程序

二、跳转指令 Li

跳转指令用于控制程序的执行顺序。经常在程序运行中出现不同分支程序时使用。当程序在执行时，CPU 扫描到 Li 指令时，立即中断执行，转入执行跳转目的行 %Li，%Li 在程序输入时应特别设置。在 NEZA 系列 PLC 中，同一程序跳转指令最多可以使用 16 次，即：$i = 0 \sim 15$。

1. 跳转指令的编程格式

跳转指令的编程格式如图 3 - 49 所示。

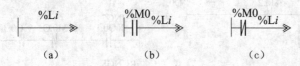

图 3 - 49　跳转指令的编程格式

2. Li 指令的功能

图 3 - 49（a）为无条件跳转。程序执行到该指令时，立即执行跳转目的行%Li，直至程序结束。而从 Li 指令出现处到目的行%Li 之间的程序不执行。

图 3 - 49（b）为有条件结束指令。程序执行要依据前面的逻辑结果。结果为 1 时，程序执行跳转；结果为 0 时，跳转指令不执行。也称为正逻辑跳转。

图 3 - 49（c）为有条件结束指令。程序执行要依据前面的逻辑结果。结果为 0 时，程序执行跳转；结果为 1 时，跳转指令不执行。也称为负逻辑跳转。

3. Li 指令的应用举例

例 3 - 13　为降低电动机启动时的启动电流，在电动机启动时，常采用 Y - △降压启动。控制要求：启动电路可分为手动/自动两种方式，用选择开关 SA 实现。手动时，按一次启动按钮 SB1，电动机 Y 接启动，第二次按 SB1，转入△接正常运行。自动时，按启动按钮 SB1，电动机 Y 接启动，10 s 后自动进入△接正常运行。设停止按钮 SB2，Y 接运行指示灯 HL1，△接运行指示灯 HL2。

本例的控制程序 I/O 分配表如表 3 - 7 所示，梯形图程序如图 3 - 50 所示。

本例中，当手动/自动选择开关 SA 在闭合状态（%I0.3 = 1）时，程序跳转到标号%L0，顺序执行 RUNG6 程序段，因 I0.3 动断触点处断开状态，故程序不会向%L8 跳转，而是顺序执行%L0 程序段。执行顺序为 RUNG1→RUNG6 - RUNG9→RUNG10 - RUNG11。电动机将实现自动启动；若 SA 选择在断开状态（%I0.3 = 0），则程序执行到 RUNG5 后将跳转到%L1 后顺序往下执行，执行顺序为 RUNG1→RUNG2 - RUNG5→RUNG10 - RUNG11，并不断循环，此时电动机将实现手动启动控制。

表 3 - 7　手动/自动电动机 Y - △降压启动控制 I/O 分配表

输入			输出		
序号	输入点	输入端子	序号	输出点	输出端子
1	启动按钮 SB1	%I0.1	1	电源接触器 KM1	%Q0.1
2	停止按钮 SB2	%I0.2	2	Y 接接触器 KM1	%Q0.2
3	手动/自动选择开关 SA	%I0.3	3	△接接触器 KM1	%Q0.3
4			4	Y 接运行指示灯 HL1	%Q0.4
5			5	△接运行指示灯 HL2	%Q0.5

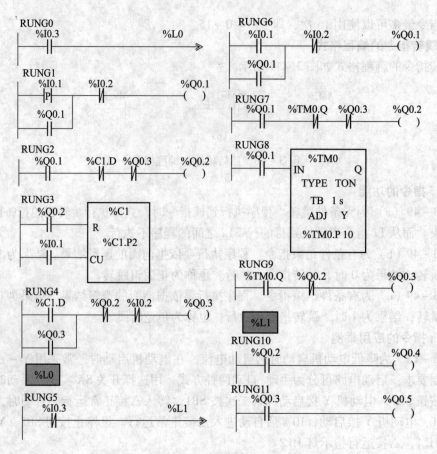

图3-50 手动/自动电动机 Y-△降压启动控制

三、子程序指令 SR*i*

1. 子程序指令的编程格式

子程序指令的编程格式如图3-51所示。子程序指令用于实现某一特定操作，独立于主程序之外，在需要时根据条件调用。在 NEZA 系列 PLC 中，同一程序中子程序指令最多可以使用16次，即：$i = 0 \sim 15$。

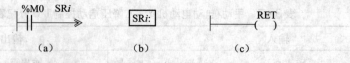

图3-51 子程序指令的编程格式

2. L*i* 指令的功能

图3-51（a）为子程序调用。当子程序调用指令前面的逻辑结果为1时，调用标号为 SR*i*：的子程序。

图3-51（b）为子程序标号，标明子程序开始。

图3-51（c）为子程序返回，标明子程序结束，返回主程序。

子程序指令在使用中应注意：

① 子程序开始和子程序结束指令必须成对出现。

② 一个子程序不可以调用另一个子程序，即子程序不能嵌套使用。

③ 主程序结束时一定要有 END 指令。

3. SR*i* 指令的应用举例

例 3 – 14 利用子程序实现闪光频率的改变。闪光周期为 2 s（占空比 1:1）的控制程序。为方便改变闪光周期，增设 %I0.2 为周期增加按钮，每按一次，周期增加 1 s；增设 %I0.3 为周期减少按钮，每按一次，周期减少 1 s。设 %I0.0 为启动按钮，%I0.1 为停止按钮，%Q0.0 为输出指示灯。

控制程序如图 3 – 52 所示。

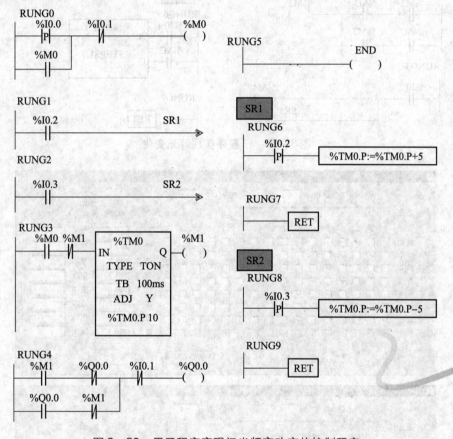

图 3 –52　用子程序实现闪光频率改变的控制程序

例 3 – 15 利用子程序实现灯光变化。启动按钮 %I0.0，停止按钮 %I0.1。控制按钮 %I0.2。程序启动后，若不按控制按钮，灯光按两灯依次串行并循环；若按控制按钮，灯光按间隔一灯依次串行并循环。灯光变化周期为 2 s。

控制程序如图 3 – 53 所示。鼓形控制器功能块指令参数配置如图 3 – 54 所示。

47

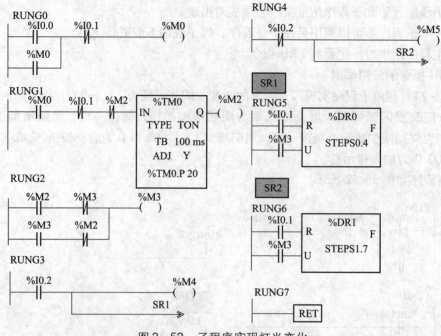

图3-53 子程序实现灯光变化

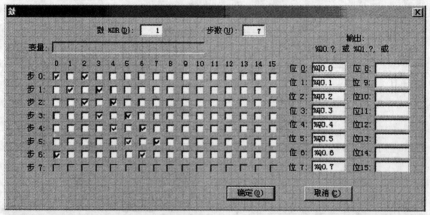

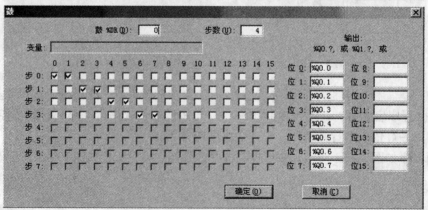

图3-54 两个鼓形控制器功能块指令参数配置

3.5 数据处理指令

一、赋值指令

该指令用于对位串、字及字表进行赋值操作。可将立即数或其他存储器的内容传送到目标存储器中。

1. 赋值指令的编程格式

赋值指令的编程格式如图 3 - 55 所示。

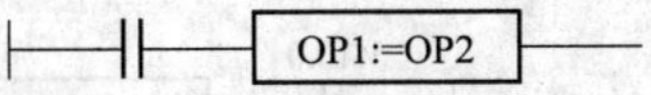

$$\dashv\ \vdash\!\!\vdash\ \boxed{\text{OP1}:=\text{OP2}}$$

图 3 - 55　赋值指令的编程格式

2. 赋值指令的功能

条件满足时，将操作数 OP2 的值赋为 OP1。也可理解为将操作数 OP2 传送到 OP1。根据赋值形式的不同，可作为操作数 OP1 和 OP2 的存储器也不同，详见表 3 - 8。

表 3 - 8　可用于赋值指令的操作数

赋值形式	操作数 OP1	操作数 OP2
位串赋值	字存储器:%QWi,%MWi,%SWi 间址字:%MW［MW］ 位串:%Mi:L,%Qi:L,%Si:L	立即数 字存储器:%MWi,%KWi, 　　　　　%IWi,%QWi,%SWi 功能块字:%BLK.X
字赋值		间址字:%MWi［MWi］ 位串:%Mi:L,%Qi:L, 　　　%Qi:L,%Ii:L
字表赋值	字表:%MWi:L %SWi:L	立即数 字表:%MWi:L, 　　　%KWi:L,%SWi:L 字存储器:%MWi,%KWi, 　　　　　%IWi,%QW,%SW 功能块字:%BLK.X

注意事项及使用规则：

①缩写%BLK.X 可用来表示任意功能块（如%C0.P）；

②对于位串（如%Mi:L）的第一个基地址应是 8 的倍数（0，8，16，…，96，…）；

③对于位串→字赋值：位串中的位从右开始传送到字，即位串的第一位传到字的第 0 位，并把字中没有传送到的位都置 0（长度 <16）。

④对于字→位串赋值：字中的位从右开始传送，即字的第 0 位关联串的第一位；

⑤对于将立即数赋值于各类存储器，赋值后，立即数以 16 位二进制的形式存入。

3. 赋值指令的分类

1）位串赋值

①位串→位串。

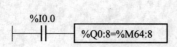

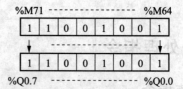

②位串→字。

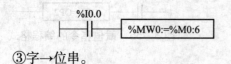

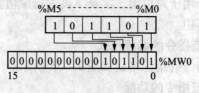

③字→位串。

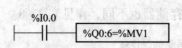

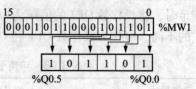

④立即数→位串。

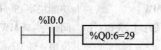

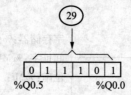

2）字赋值

①字→字。

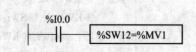

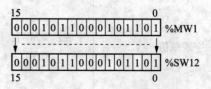

②间址字→字。

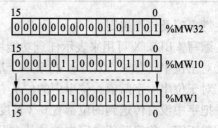

③字→间址字。

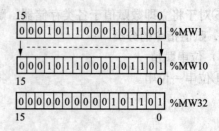

④ 间址字→间址字。

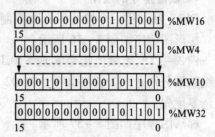

⑤立即值→间址字。

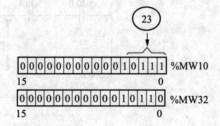

⑥立即值→字。

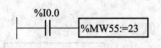

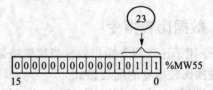

3）字表赋值

①立即值→字表。

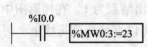

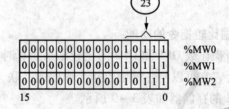

② 字→字表。

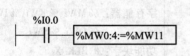

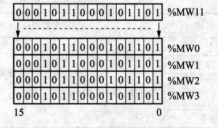

③ 字表→字表。

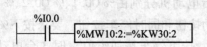

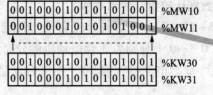

51

4. 赋值指令的应用

例 3 – 16　用一个按钮%I0.0控制6盏灯的点亮、熄灭。

梯形图程序如图3 – 56所示。

例 3 – 17　用赋值指令实现%I0.0 = ON时，将"1949.10.1"这组数据分别送入%MW100 ~ %M102 中，%I0.1 = ON时又可全清且清零优先。

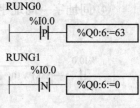

图3 – 56　梯形图程序

梯形图程序如图3 – 57所示。

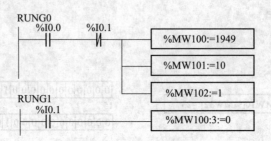

图3 – 57　梯形图程序

二、数据比较指令

该指令用于比较两个操作数，当比较结果为真时，值为1。

1. 数据比较指令的编程格式

数据比较指令的编程格式如图3 – 58所示。

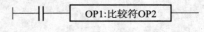

图3 – 58　数据比较指令的编程格式

数据比较指令的比较符与五种比较指令相对应，它们分别是大于">"、大于等于"> ="、小于"<"、小于等于"< ="和不等于"< >"。

2. 数据比较指令的功能

当两个操作数 OP1 和 OP2 的比较结果为真时，输出结果为1。在梯形图中相当于常开接点的闭合，它可以与各种触点指令串联或并联，也可以直接接到母线上。可作为操作数OP1 和 OP2 的存储器如表3 – 9所示。

表3 – 9　可用于比较指令的操作数

指令名称	操作数 OP1	操作数 OP2
大于	字存储器: %MWi,%KWi, %IWi,%QWi,%SWi 功能块字:% BLK. X	立即数 字存储器: %MWi,%KWi,%IWi, %QWi,%SWi 功能块字:% BLK. X 间址字:%MWi [MWi],%KWi [MWi]
大于等于		
小于		
小于等于		
不等于		

3. 数据比较指令应用举例

例 3 – 18　3台电动机分时启动。假定3台电动机分别由%Q0.1、%Q0.2、%Q0.3驱动,%I0.0、%I0.1分别为3台电动机的分时启动按钮和同时停车按钮。要求按下%I0.0启动按钮后,3台电动机每隔10 s相继自动启动,按下停车按钮%I0.1时3台电动机同时停车。

梯形图程序如图 3-59 所示。

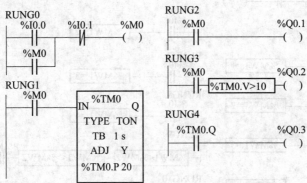

图 3-59 3 台电动机分时启动控制程序

例 3-19 一辆运料小车可在 1#~4#工位之间自动移动，只要对应工位有呼叫信号，小车便会自动向呼叫工位移动，并在到达呼叫工位后自动停止，其工作示意图如图 3-60 所示。

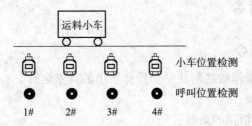

图 3-60 运料小车工作示意图

本例的 I/O 分配表见表 3-10，梯形图程序见图 3-61。

本例中，RUNG1~RUNG4 梯级用于在% MW1 中存储小车的位置信息；RUNG5~RUNG 8 梯级用于在% MW2 中存储小车的呼叫位置信息。RUNG 9 梯级用于实现在小车启动后（% M0 = 1）的情况下，若呼叫位置号码大于小车位置号码，启动小车向左移动控制（% Q0.0）；RUNG10 梯级用于实现在小车启动后（% M0 = 1）的情况下，若呼叫位置号码小于小车位置号码，启动小车向右移动控制（% Q0.1）。

表 3-10 运料小车 I/O 分配表

输入						输出	
序号	输入信号	输入端子	序号	输入信号	输入端子	输出信号	输出端子
1	启动信号	% I0.0	6	位置检测信号 4	% I0.5	小车左移控制 KM1	% Q0.0
2	停止信号	% I0.1	7	呼叫信号 1	% I0.6		
3	位置检测信号 1	% I0.2	8	呼叫信号 2	% I0.7	小车右移控制 KM2	% Q0.1
4	位置检测信号 2	% I0.3	9	呼叫信号 3	% I0.8		
5	位置检测信号 3	% I0.4	10	呼叫信号 4	% I0.9		

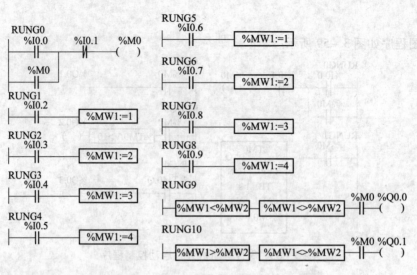

图3-61 运料小车控制程序

3.6 数据运算指令

一、算术运算指令

这类指令用于两个操作数之间或一个操作数上的算术运算。

+：两个操作数相加；

REM：两个操作数相除的余数；

-：两个操作数相减；

SQRT：一个操作数的平方根；

*：两个操作数相乘；

INC：一个操作数递增；

/：两个操作数相除；

DEC：一个操作数递减；

1. 算术运算指令的编程格式

算术运算指令的编程格式如图3-62所示。

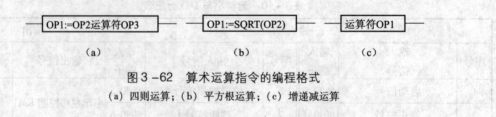

图3-62 算术运算指令的编程格式

(a) 四则运算；(b) 平方根运算；(c) 增递减运算

2. 算术运算指令的功能

四则运算指令：当前面的逻辑条件满足时，将OP2与OP3进行"+"、"-"、"*"、"/"及除法求余运算，并将运算的结果保存到OP1中。

开方运算指令：当前面的逻辑条件满足时，将OP2进行开方运算，并将运算的结果保存到 OP1 中。

递增递减运算指令：当前面的逻辑条件满足时，将 OP1 进行加 1 或减 1 操作，并将操作的结果保存到 OP1 中。

算术运算指令的操作数见表 3 – 11。

表 3 – 11   可用于算术运算指令的操作数

指令名称	操作数 OP1	操作数 OP2
+ , – , * , / , REM		立即数
SQRT	字存储器：% MWi,% QWi,% SWi	字存储器：% MWi,% KWi,% IWi,% QWi,% SWi
INC , DEC		功能块字:% BLK. X

注意：在 SQRT 中，操作数不能为立即数。

3. 算术运算指令的使用规则

加法：运算结果超出 –32768 或 +32767 时，系统溢出位%S18 被置 1，且所得结果不正确。

减法：运算结果小于 0（为负）时，系统标志位%S17 被置 1。

乘法：运算超出范围时，系统溢出位%S18 被置 l。

除法及除法求余：运算时，若除数为 0，则不能运算，而且系统溢出位%S18 被置 1；如果商超出字范围，位%S18 被置 1。

平方根开方：只有正数才能进行平方根开方，所以结果为正。如果操作数为负值，系统溢出位%S18 被置 l。

当运算结果导致%S18 或%S17 被置 1 后，为再次执行运算，必须通过程序将%S18 或%S17 复位。

4. 算术运算指令应用举例

例 3 – 20   用算术运算指令完成计算：$3 \times 8 - 15$。要求：

（1）%I0. 0 = ON 时，完成计算;%I0. 1 = ON 全清零。

（2）运算结果用输出表示。

梯形图程序见图 3 – 63。

本例中，当%I0. 1 = ON 时用字表赋值指令完成对%MW0 ~ %MW4 的清零。由于%M0 已停止，故 RUNG2 梯级中的位串%Q:4 已不再被赋值，故在 RUNG3 梯级中重新赋值。

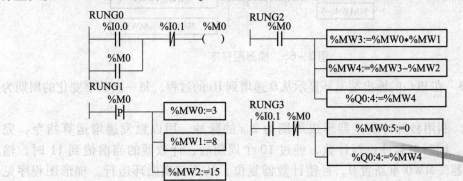

图 3 –63   梯形图程序

例 **3 - 21** 求 $\dfrac{(20+8)\times 4}{5}$ 的余数。要求同例 3 - 20。

梯形图程序见图 3 - 64。

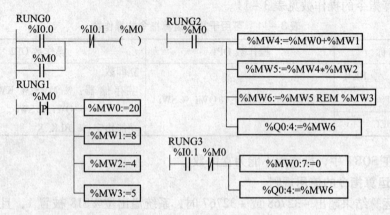

图 3 - 64 梯形图程序

本例中，除法求余在 PLMIN707 软件中输入时，前后加空格。

例 **3 - 22** 用算术运算指令完成计算：$\sqrt{\dfrac{(36+8)\times 15-55}{5}}$，要求同例 3 - 20。

梯形图程序见图 3 - 65。

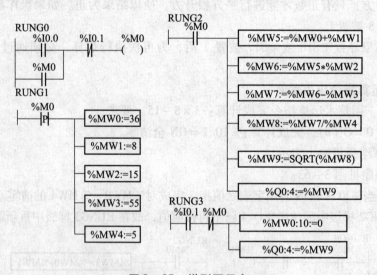

图 3 - 65 梯形图程序

例 **3 - 23** 在 PLC 的输出端循环显示从 0 递增到 10 的过程，每一次数字变化的周期为 2 s。

本例中，利用秒脉冲发生器形成周期为 2 s 的脉冲，用以触发递增运算指令，完成加 1 操作。同时对脉冲进行计数，经过 10 个周期后，计数器的当前值到 11 时，输出使字存储器%MW0 重新置 0，且使计数器复位，从而实现循环运行。梯形图程序见图 3 - 66。

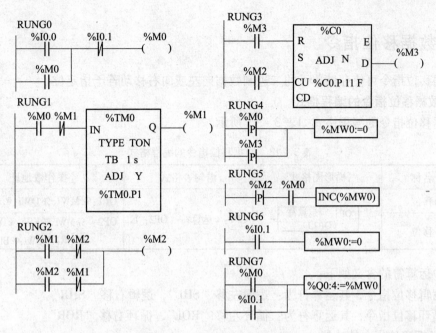

图 3-66 数字变化梯形图程序

二、逻辑运算指令

1. 逻辑运算指令的编程格式

逻辑运算指令的编程格式如表 3-12 所示。

表 3-12 逻辑运算指令的编程格式

指令名称	梯形图格式	操作数	
		OP1	OP2&OP3
与、或、异或	——[OP1:=OP2运算符OP3]——	字存储器：%MWi，%QWi，%SWi	字存储器：%MWi，%KWi，%SWi，%IWi%QWi
取反	——[运算符OP3]——		功能块字：%BLK.X，立即数

与、或、异或指令的运算符分别为 AND、OR、XOR。

取反指令的运算符为 NOT。在 NOT 指令中，操作数 OP2 不能为立即数。

2. 逻辑运算符的功能

当条件满足时，与指令将 OP1 与 OP2 进行按位与操作，其操作规则是：见 0 为 0，全 1 方为 1。

当条件满足时，OR 指令将 OP1 与 OP2 进行按位或操作，其操作规则是：见 1 为 1，全 0 方为 0。

当条件满足时，XOR 指令将 OP1 与 OP2 进行按位异或操作，其操作规则是：相异为 1，相同为 0。

当条件满足时，NOT 指令将 OP1 与 OP2 进行按位取反操作，其操作规则是：见 1 为 0，见 0 为 1。

3.7　数据移位指令

数据移位指令可使存储单元的二进制数据向左或向右移动若干指定位。

1. 数据移位指令的编程格式

数据移位指令的编程格式如表 3 – 13 所示。

表 3 – 13　数据移位指令的编程格式

指令名称	梯形图格式	语句表格式	操作数地址
逻辑移位	OP1: =运算符（OP2,I）	OP1: =运算符（OP2, I）	OP1:%MWi,%QWi,%SWi
循环移位			OP2:%MWi,%KWi,%IWi,%QWi,%SWi,%BLK.X

表中运算符的含义如下：

对逻辑移位指令，其运算符为：逻辑左移"SHL"，逻辑右移"SHR"。

对循环移位指令，其运算符为：循环左移"ROL"，循环右移"ROR"。

2. 数据移位指令的功能

当条件满足时，逻辑移位指令将 OP2 中的数据按位向左或向右移动 1 位，并写入 OP1 中，存储单元的最高或最低一位移入系统位%S17 中。

当条件满足时，循环移位指令将 OP2 中的数据按位向左或向右移动 1 位，并写入 OP1 中，存储单元的最高或最低一位移入系统位%S17 中。

3. 数据移位指令应用举例

数据移位指令的操作在字存储器中进行。在图 3 – 67 所示 8 只彩灯循环点亮的控制程序中，为了实现按位输出，需将移位后的数据通过字到位串传送指令传送到输出位，进而点亮各彩灯。

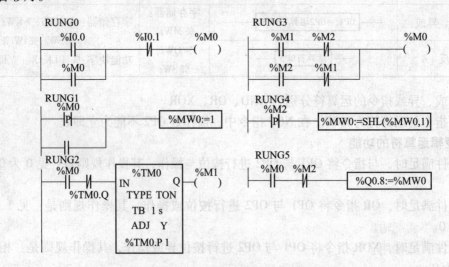

图 3 – 67　8 只彩灯循环点亮的控制程序

3.8 数据转换指令

数据转换指令用于不同数制之间的转换。在 NEZA 系列 PLC 中，仅有 BCD 码与二进制数之间的转换指令一对。

1. 数据转换指令的编程格式

数据转换指令的编程格式如表 3－14 所示。

表 3－14 数据转换指令的编程格式

指令名称	梯形图格式	语句表格式	操作数地址
BCD 码转二进制数	—OP1:=运算符（OP2）—	OP1:=运算符（OP2）	OP1:%MWi,%QWi,%SWi
二进制数转 BCD 码			OP2:%MWi,%KWi,%IWi, %QWi,%SWi,%BLK.X

表中运算符含义如下：

对 BCD 码转二进制数指令，其运算符为"BIT"。

对二进制数转 BCD 码指令，其运算符为"ITB"。

2. 数据和转换指令的功能

数据转换指令用于在不同数制间进行等量变换，实现其相互转化。

3. 数据转换指令的应用举例

为了将输入的 BCD 码与 PLC 内存中其他数据进行比较、运算等，就需要对 BCD 拨码盘输入的信号进行二进制转换，其过程只需将两片 BCD 拨码盘接入从%I0.0 开始的连续的 PLC 输入接线端子上即可。其转化程序如图 3－68 所示，转换结果存入%MW2 中。

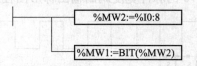

图 3－68　BCD 拨码盘到二进制数的转换程序

3.9 专用功能模块指令

专用功能模块指令在 NEZA 系列 PLC 中主要包括脉冲宽度调制输出指令%PWM、脉冲发生器输出指令%PLS、高数计数器指令%FC 和通信指令。

一、脉冲宽度调制输出指令%PWM

脉冲宽度调制输出指令%PWM 可通过输出端子%Q0.0 输出脉冲周期不变而宽度可调的连续脉冲，通常用于直流电动机的调速或加热炉温度的控制等。

1. 脉冲宽度调制输出指令%PWM 的编程格式

脉冲宽度调制输出指令%PWM 的编程格式如图 3－69 所示。

图中各参数名称如下：

（1）％PWM 表明该指令的操作者属性为脉宽调制输出。

（2）IN 为脉宽调制指令的势能输入信号，当其为 1 时，脉宽调制输出由％Q0.0 输出；当其为 0 时，％Q0.0 置 0。

（3）TB 为脉冲宽度调制信号周期的分辨力，有 0.1 ms、10 ms 和 1 s 3 个值可选。

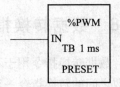

图 3 -69 ％PWM 指令编程格式

％PWM. P 为脉宽调制信号周期的设定值，该值与 TB 分辨力的乘积即为脉宽调制信号的周期，其范围为

若 TB = 10 ms 或 1 s，％PWM. P = 0 ~ 32767；

若 TB = 0.1 ms，％PWM. P = 0 ~ 255。

2. 脉冲宽度调制输出宽度的设置

对于一个脉冲宽度调制信号，除要设置脉冲宽度信号的周期外，还有一个很重要的参数需要设定，那就是输出脉冲宽度。

在 NEZA 系列 PLC 中，脉冲宽度的设置通过用户程序写％PWM. R 来完成，其设置范围为％PWM. R = 0 ~ 100，对应的脉冲宽度为 $TP = T \times (\%PWM. R/100) = \%PWM. P \times TB \times \%PWM. R/100$。

3. 脉冲宽度调制输出指令％PWM 的编程步骤

由上述脉冲宽度调制输出指令％PWM 时，其必需的编程步骤为：

（1）通过用户程序写脉冲宽度设定％PWM. R；

（2）通过％PWM 指令设定脉冲宽度调制输出信号周期的分辨力 TB；

（3）通过％PWM 指令设定脉冲宽度调制输出信号周期％PWM. P；

（4）通过用户程序确定脉冲宽度调制输出指令％PWM 的使能信号 IN。

4. 脉冲宽度调制输出指令％PWM 应用举例

例 3 -24 编写如图 3 -70 的脉冲宽度调制输出梯形图程序。

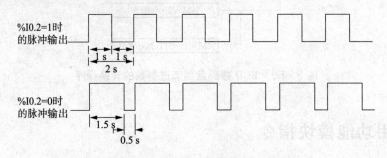

图 3 -70 ％PWM 指令对应的工作的时序图

实验电路如图 3 -71 所示，其梯形图控制程序如图 3 -72 所示。

接好线后，将梯形图程序下载到 PLC 中，使 PLC 进入运行状态。按下启动按钮 SB1，可观察到 L 按亮 1.5 s、灭 0.5 s 的工作方式工作，对应的％Q0.0 输出脉冲宽度为 75%；按下 SB3 时，可观察到 L 按亮 1 s、灭 1 s 的工作方式工作，对应的％Q0.0 输出脉冲宽度为 50%；松开 SB3，％Q0.0 又恢复开始时的工作状态；按下停止按钮 SB2，％Q0.0 停止输出。

％I0.2 用于设置脉冲输出宽度。当％I0.2 为 ON 时，脉冲宽度设置为周期的 50%；当％I0.2 为 OFF 时，脉冲宽度设置为周期的 75%。％I0.0 用于启动％PWM 输出，即当

%M0为 ON 时,%Q0.0 有脉冲输出;%I0.1 用于停止脉冲输出, 即当%M0 为 OFF 时,%Q0.0 复位为 0。由此例可以看出, 为了实现输出平均电压的可控调节, 只要程序中对脉冲宽度%PWM. R 进行改变, 就很容易满足要求。

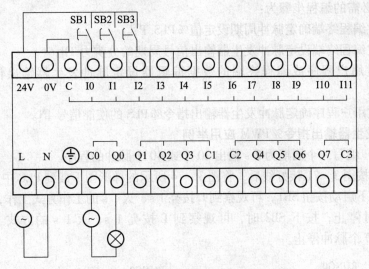

图 3 - 71   脉宽调制输出实验接线图

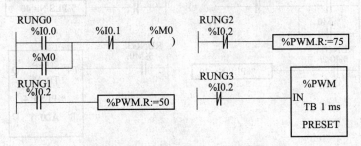

图 3 - 72   %PWM 指令演示程序

二、脉冲发生器输出指令%PLS

脉冲发生器输出指令%PLS 可通过%Q0.0 输出占空比为 50% 的方波脉冲, 其周期可通过编程设置。通常可用于步进电动机的速度控制。

1. 脉冲发生器输出指令%PLS 的编程格式

脉冲发生器输出指令%PLS 的编程格式如图 3 - 73 所示。

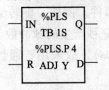

图 3 - 73   %PLS 指令编程格式

图中各参数说明如下:

(1)%PLS 表明该指令的操作属性为脉冲输出;

(2) IN 为脉冲发生器输出指令的使能输入信号, 当其为 1 时, 脉冲由%Q0.0 输出; 当其为 0 时,%Q0.0 置 0。

(3) TB 为输出脉冲周期的分辨力, 有 0. 1 ms、10 ms 和 1 s 三个值可选。

(4)%PLS. P 为输出脉冲周期的设定值, 要求必须为偶数。该值与 TB 分辨力的乘积即为脉宽输出信号的周期, 其范围为:

若 TB = 10 ms 或 1 s,%PLS. P = 0 ~ 32767;

若 TB = 0.1 ms，% PLS.P = 0 ~ 255。

2. 脉冲发生器输出指令% PLS 的编程步骤

由上述脉冲发生器输出指令% PLS 时的编程格式可知，使用脉冲发生器输出指令% PLS时，其必需的编程步骤为：

（1）通过编程终端确定脉冲周期设定值% PLS.P；

（2）通过编程终端设定脉冲发生器输出信号周期的分辨力 TB；

（3）通过用户程序或编程终端的数据编辑器设定脉冲发生器输出信号的脉冲个数% PLS.N；

（4）通过用户程序确定脉冲发生器输出指令% PLS 的使能信号 IN。

3. 脉冲发生器输出指令% PWM 应用举例

例3-25 编写一个周期为 2 s 输出 20 个或 40 个脉冲的程序。

实验电路按图3-71 接好线后，将图3-74 所示的梯形图下载到 PLC 中，使 PLC 进入运行状态。按下启动按钮 SB1，可观察到 L 按亮 1 s、灭 1 s 的工作方式工作，待% Q0.0 输出 40 个脉冲时停止；按下 SB3 时，可观察到 L 按亮 1 s、灭 1 s 的方式工作，但此时% Q0.0输出 20 个脉冲停止。

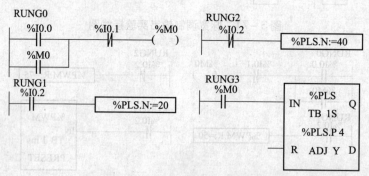

图3-74 % PLS 指令演示程序

在上述脉冲发生器梯形图控制程序中，% I0.0 与% I0.1 用于启停脉冲发生器输出，% I0.2用于设置脉冲发生器输出的脉冲数。由此例可知，用户完全可以根据步进电动机的转动精度（步距角）确定脉冲发生器输出脉冲的个数，进而控制步进电机所拖动负载的机械位移。

三、高速计数器功能指令% FC

PLC 中高速计数器功能通常用于处理比 PLC 扫描周期还要快的事件。例如，旋转编码器每周产生 200 个脉冲，每分钟旋转 1500 转，则这个旋转编码器每毫秒产生的脉冲数为 5 个，这样高的脉冲频率远远超出了 PLC 的正常扫描周期（10 ~ 150 ms），故采用普通计数器将无法捕捉编码器产生的脉冲。

NEZA 系列 PLC 中的高速计数器功能块是独立于 PLC 扫描周期以外的专用功能块，可处理 10 kHz 以下的高速脉冲，具有高速加计数器、高速加/减计数器和频率计功能。在使用高速计数器功能块时，首先需通过编程终端对其进行不同的选择和设置，其对应的设置界面如图3-75 所示。

由图3-75 可知，高速计数器涉及的有关 PLC 的输入/输出端子是% I0.0，% I0.1，

%I0.2,%I0.3,%I0.4,%Q0.1 和%Q0.2,其中%I0.0 和%I0.3 是系统默认的加、减计数输入端,不需进行配置,而%I0.1,%I0.2,%I0.4,%Q0.1 和%Q0.2 各输入/输出端子,则可根据用户需要进行配置。

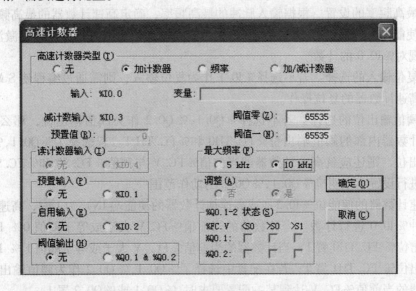

图 3 -75　高速计数器功能块应用设置界面

1. 高速计数器功能块指令%FC

1) 高速计数器功能块指令%FC 的编程格式

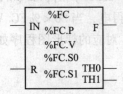

图 3 -76　高速计数器编程格式

高速计数器功能块指令%FC 的编程格式如图 3 -76 所示,图中各参数说明如下:

(1) IN 为输入使能端,当其为 1 时激活高速计数功能。该功能的激活方法还可以通过设置%I0.2 来实现。

(2) R 为高速加计数器或高速加/减计数器的预置输入端。对于高速加计数器,当其值为 1 时,将当前值复位;对于高速加/减计数器,当其值为 1 时,把当前值设为预设值。该功能也可通过设置 I0.1 来完成。

(3)%FC. S0 和%FC. S1 是通过编程终端配置界面为高速加计数器或高速加/减计数器配置的两个阈值 0 和 1。该值也可通过程序来改变。

(4) TH0 和 TH1 是与阈值 0 和阈值 1 相对应的阈值输出位。当高速计数器的当前值大于或等于阈值时,相应的阈值输出位置 1。

(5) F 为高速计数器溢出位。当高速计数器的当前值%FC. V 大于 65535 时,%FC. F 为 1。

(6)% FC. P 为高速加/减计数器的预设值,其范围为 0 ~ 655350。

(7)% FC. V 为高速计数器功能块的当前值。

使用高速计数器功能块时,除要进行如图 3 -75 所示的必要设置外,还应考虑上述编程格式中提到的一些与高速计数器有关的参变量的使用。

2) 高速加计数器的功能

下面进行高速加计数器的配置。由图 3 -75 所示的高速计数器应用设置界面可知,使用高速加计数器时可进行以下配置：

（1）阈值的设置。将所需要的阈值 0 和阈值 1 填入设置栏中。该值也可通过写%FC. S0 和%FC. S1 来改变。

（2）最高频率的设置。根据输入脉冲的最高频率，确定高速计数器的最高频率。

（3）使能输入选择。若不选择%I0.2 作为使能输入位，则需要通过编程激活 IN 输入端才能实现对%I0.0 的计数。

（4）复位输入的选择。若不选择%I0.1 作为复位输入，则需通过编程使 S 端为 1 态，来实现对高速计数器的复位操作。

（5）阈值输出位的选择。若不选择% Q0.1,% Q0.2 作为阈值输出位，那么需要考虑使用高速计数器内部的阈值输出位%FC. TH0 和%FC. TH 1。若选择了% Q0.1,% Q0.2 作为阈值输出位，则还应就高速计数器的当前值%FC. V 与阈值%FC. S0 和%FC. S1 的关系在配置中进行设置，以明确% Q0.1,% Q0.2 的动作范围。

当高速计数器的使能位%I0.2（或高速加计数器的使能端 IN）为 1 时，高速加计数器对输入脉冲%I0.0 进行计数。当计数器的当前值%FC. V 大于或等于阈值0% FC. S0 时，阈值 0 输出位% FC. TH0 置 1；当计数器的当前值%FC. V 大于或等于阈值1 % FC. S1 时，阈值 1 输出位% FC. TH1 置 1；若在配置中选择了% Q0.1,% Q0.2 作为阈值输出位，则当高速计数器的当前值%FC. V 达到某一配置要求时,% Q0.1 或% Q0.2 置 1。

例 3 – 26 采用一台高频信号发生器作为脉冲源，实验电路接线如图 3 – 77 所示。取% I0.5 作为 PLC 外部使能信号，用于启动高速加计数器;% I0.6 用于停止高速加计数器;% I0.7 用于复位高速加计数器；当高速加计数器满（当前值大于等于 65535）时，% Q0.3 得电；当% FC. V < S0 时,% Q0.1 得电，当% FC. V > S1 时,% Q0.2 得电，当 S0 <% FC. V < S1 时,% Q0.1,% Q0.2 同时得电。高速加计数器如图 3 – 78 所示，对应的梯形图程序如图 3 – 79 所示。

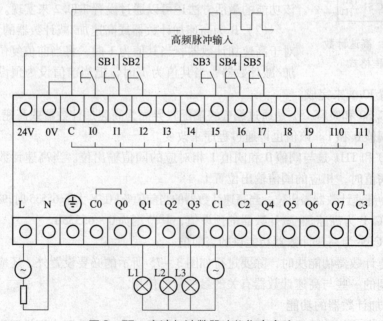

图 3 – 77　高速加计数器功能指令实验

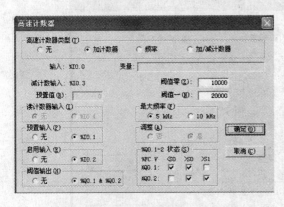

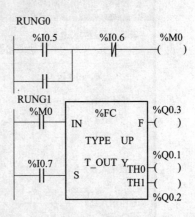

图 3 –78　高速加计数器配置界面　　　　图 3 –79　高速加计数器应用梯形图

2. 频率计的功能

1）频率计的配置

由图 3 –81 所示的高速计数器配置界面可知，使用高速计数器功能块作为频率计时，其设置只有两项可选：

（1）最高频率范围的选择。即根据所测信号频率的最大值，确定是选 5 kHz 还是 10 kHz。

（2）使能输入的选择。若不选择 %I0.2 作为使能输入信号，则需通过编程使 IN 为 1 态，这样才能实现脉冲频率的输入。

2）频率计的功能

频率计在单位时间内（默认为 1 s，也可通过程序置系统位 %SW111.x2 为 1，选择 100 ms）对输入脉冲信号 %I0.0 进行计数，所计结果即为脉冲的频率值。如每秒钟计数值为 1 000，则脉冲信号的频率即为 1 kHz。

3）频率计应用实验

频率计应用实验接线如图 3 –80 所示。配置频率计的最高测量频率为 5 kHz，使能输入为 %I0.2，配置界面如图 3 –81 所示。接好线后，将图 3 –79 所示的梯形图程序下载到 PLC，运行 PLC，通过编程终端监视 %FC.V 的大小。

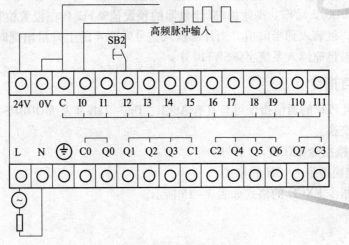

图 3 –80　频率计实验接线图

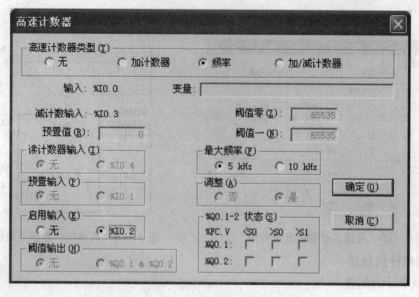

图3-81 频率计实验配置界面

3. 高速加/减计数器的功能

1) 高速加/减计数器的配置

高速加/减计数器的配置过程与高速加计数器的配置类似，不同的设置项目主要是以下几个：

(1) 输入脉冲的频率默认为1 kHz，无须进行选择。

(2) 增设预设值%FC.P定义一项。该参数也可通过程序修改。

(3) 预设值可否调整选项。若选择"是"，则允许通过程序修改预设值；若选择"否"，则程序无法修改%FC.P。

2) 高速加/减计数器的功能

当高速加/减计数器的使能位（%I0.2或IN）为1时，高速加/减计数器对%I0.0输入的脉冲进行加计数，对%I0.3输入的脉冲信号进行减计数。

当高速加/减计数器的当前值%FC.V达到阈值输出位%Q0.1或%Q0.2的动作范围内时，%Q0.1或%Q0.2动作。高速加/减计数器的预设值%FC.P在设置位%I0.1或S位的上升沿出现时，被装入到当前值。当外部输入信号%I0.4的上升沿出现时，高速加/减计数器的当前值被迅速读入系统字%SW110中。

四、通信指令

NEZA系列PLC的通信指令可与具有ASCII、Uni-Telwat及MODBUS通信协议的智能设备进行数据交换。

1. 数据交换指令EXCH

1) 数据交换指令EXCH的格式

数据交换指令EXCH的格式如表3-15所示。

表 3 - 15　数据交换指令 EXCH 的格式

指令名称	梯形图	语句表	操作数
数据交换 EXCH	—[EXCH OP]—	[EXCH OP]	OP：%MW*i*：L %KW*i*：L

2）数据交换表的格式

在数据交换指令 EXCH 的格式中，操作数 OP 为一字表，长度为 L。这个字表也就是数据交换用的数据交换表，其格式如表 3 - 16 所示。

表 3 - 16　数据交换表的格式

数据交换表	高 字 节	低 字 节
%MW*n*	PLC 从机的地址	MODBUS 功能码
%MW（*n* + 1）	PLC 从机的内部起始寄存器	
%MW（*n* + 2）	被交换的数据长度	
%MW（*n* + 3）	重试次数	请求时间
%MW（*n* + 4）		
%MW（*n* + 5）	数据区：	
%MW（*n* + 6）	（1）准备写入从设备数据	
…	（2）由从设备读出数据	

3）数据交换指令 EXCH 的功能

当条件满足时，按照 MODBUS 读功能码的要求，将指定从设备的内部位或内部字的值读到主机的数据交换表中。按照写功能码的要求，将主机数据表中的内容写到指定从机的内部位或内部字中。

2. MODBUS 功能码及其意义

MODBUS 功能码规定主从设备之间数据交换的功能，如表 3 - 17 所示。

表 3 - 17　MODBUS 功能码

功能码	功　　能	功能码	功　　能
01 或 02	读 *n* 个内部位%M*i*	06	写 1 个内部字%MW*i*
03 或 04	读 *n* 个内部字%MW*i*	15	写 *n* 个内部位%M*i*
05	读 1 个内部位%M*i*	16	写 *n* 个内部字%MW*i*

各功能码对应的数据交换表格举例：

1）01 或 02 读 *n* 个内部位%M*i*

假定从 4#从机中读取%M4 ~ %M8 各位到主机数据表中，则对应的主机数据交换如表 3 - 18 所示。

表3-18　读 n 个内部位%Mi 的数据交换表

%MW10	16#0401	读4#从设备的位值
%MW11	16#0004	从4#从设备内部位的第五位开始读取（即%M4）
%MW12	16#0005	一共读取5位
%MW13	16#0364	重试3次，每次100 ms
%MW14	××××	4#从机%M4 的状态
%MW15	××××	4#从机%M5 的状态
%MW16	××××	4#从机%M6 的状态
%MW17	××××	4#从机%M7 的状态
%MW18	×××	4#从机%M8 的状态

2）03 或 04 读 n 个内部字%MWi

假定从3#从机中读取%MW9～%MW20 的值到主机数据表中，则对应的主机数据交换如表3-19所示。

表3-19　读 n 个内部字%MWi 的数据交换表

%MW10	16#0304	读3#从设备的位值
%MW11	16#0009	从3#从设备内部字的第十单元格开始读取（%M9）
%MW12	16#000C	一共读取12个字
%MW13	16#0364	重试3次，每次100 ms
%MW14	××××	3#从机%M9 的状态
%MW15	××××	3#从机%M10 的状态
%MW16	××××	3#从机%M11 的状态
…	…	…

3）05 写 1 个内部位%Mi

假定将 1 写入5#从机的%M4 位，则对应的主机数据交换如表3-20所示。

表3-20　写 1 个内部位%Mi 的数据交换表

%MW10	16#0505	读5#从机的位值
%MW11	16#0004	从5#从设备内部内部位的第五位（即%M4）
%MW12	16#FF00	写1到5#从机内部的第五位（即%M4）
%MW13	16#0364	重试3次，每次100 ms

4）05 写 1 个内部字%MWi

假定将 16 #1256 写入20#从机的%MW18 位中，则对应的主机数据交换如表3-21所示。

表3-21　写1个内部字%MWi 的数据交换表

%MW10	16#1406	读20#从设备的字值
%MW11	16#0013	从20#从机内部字的第十九单元（即%MW18）
%MW12	16#1256	将16#1256写到20#从机%MW18单元中
%MW13	16#0364	重试3次，每次100 ms

5）15 写 n 个内部位%Mi

假定要改变3#从机中%M10～%M14连续的5个内部位状态，则对应的主机数据交换如表3-22所示。

表3-22　写 n 个内部位%Mi 的数据交换表

%MW10	16#030F	读3#从设备的 n 个位值
%MW11	16#000A	从3#从设备内部位的第11位开始写（即%M10）
%MW12	16#0005	一共读取5位
%MW13	16#0364	重试3次，每次100 ms
%MW14	FF00	写1到3#从机的%M10位
%MW15	0000	写0到3#从机的%M11位
%MW16	FF00	写1到3#从机的%M12位
…		…

6）16 写 n 个内部字%MWi

假定将3个数据，写入11#从机中的%M4～%MW6单元中，则对应的主机数据交换如表3-23所示。

表3-23　写 n 个内部位%MWi 的数据交换表

%MW10	16#0B10	读11#从设备的位值
%MW11	16#0004	从11#从设备内部字的第五单元格开始写
%MW12	16#0005	一共写3个单元
%MW13	16#0364	重试3次，每次100ms
%MW14	×××××	写到11#从机%MW4单元中
%MW15	×××××	写到11#从机%MW5单元中
%MW16	×××××	写到11#从机%MW6单元中
…	…	…

3. 数据交换控制块指令%MSG

1）数据交换控制块指令%MSG 的用途

数据交换控制块指令%MSG用于控制数据的交换，它主要有3个用途：

（1）多条报文协调发送。在发送多条报文时,%MSG功能块可提供有关前一条报文是否发送完成的信息，以保证多条报文发送时不发生冲突。

（2）通信错误校验。用于校验 EXCH 指令确定的数据表是否足够装入要发送的信息。

（3）优先报文发送。用于暂停当前报文的发送，以立即发送紧急报文。

2）数据交换控制块指令%MSG 的格式

数据交换控制块指令%MSG 的格式如图3-82所示。

图中各参数说明如下：

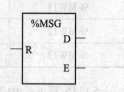

（1）R 为输入复位端，当其状态为1时，重新初始化通信，即%MSG. E =0 和%MSG. D =1。

（2）D 为发送完成输出端，当其状态为1时，表示发送命令已经完成，同时还可表示以下意义：

① 完成接收；

② 发送错误；

③ 功能块复位；

④ 发送成功并发送完成。

当其状态为0时，表示请求处理。

（3）E 为故障输出（错误）端，当其状态为1时，表明发生下列情况：

① 错误命令；

② 不正确的配置表产生；

③ 接收到错误字符；

④ 接收表已满（没有更新）。

当其状态为0时，信息长度、通信连接情况均正常。

图3-82 数据交换控制块指令%MSG 的格式

3）数据交换及数据交换控制功能块指令应用分析

下面举例说明。

例3-27 下面做 PLC 之间通信的实验。采用1台 PLC 作为主机，另外3台 PLC 作为从机，组成一个小的 PLC 网络系统，如图3-83所示。

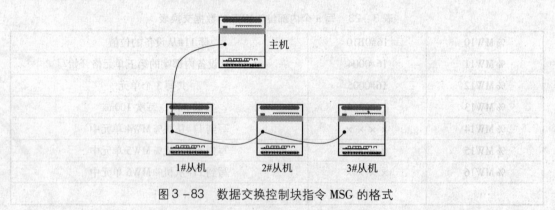

图3-83 数据交换控制块指令 MSG 的格式

要求系统启动后，4台 PLC 各连续8个输出位从主机的%Q0.0 开始顺次接通1 s，当3#从机 PLC 的输出位%Q0.7 接通1 s 后，又接通主机的%Q0.0，不断循环往复。系统的启停可通过任意一台 PLC 的一台%I0.0 和%I0.1 来控制，主机梯形图程序如图3-84、图3-85 和图3-86所示，从机 PLC 梯形图程序如图3-87所示。图3-85 中 RUNG4 梯级中〔EXCH%MW10：6〕指令为 PLC 之间的数据交换指令,%MSG 指令为数据交换控制指令。

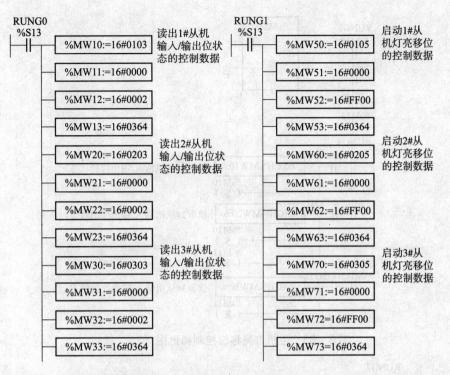

图 3 −84　主机灯亮移位控制梯形图（1）

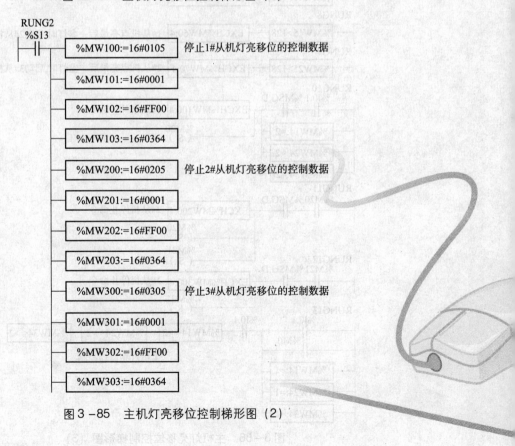

图 3 −85　主机灯亮移位控制梯形图（2）

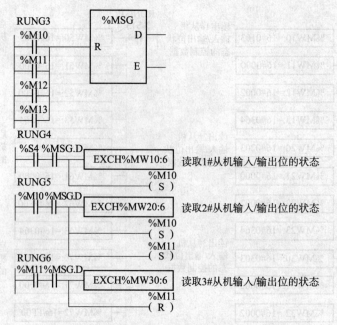

图 3 -85　主机灯亮移位控制梯形图（2）（续）

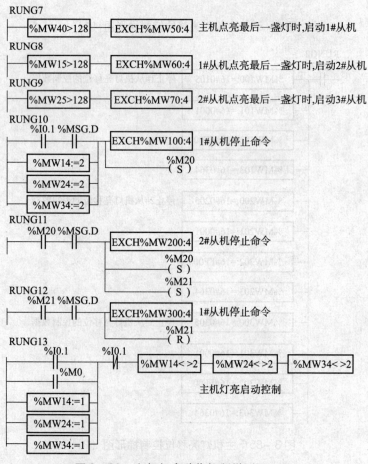

图 3 -86　主机灯亮移位控制梯形图（3）

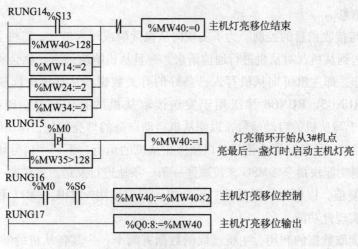

图 3-86　主机灯亮移位控制梯形图（3）（续）

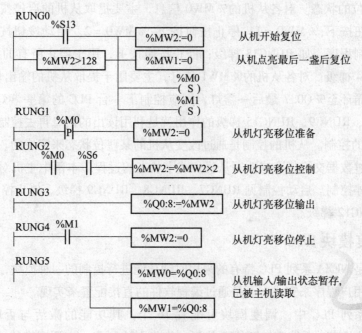

图 3-87　从机灯亮控制梯形图

　　主机灯亮控制梯形图程序中，为了实现对从机 PLC 的控制，可考虑按以下步骤设计梯形图程序：

　　（1）数据交换变化表的初始化。为了实现通信控制，按照数据交换指令 EXCH 的要求，必须首先为要发送和接收的数据进行初始化设置。RUNG0 梯级用于将各从机的输入位 %I0:8 和输出位 %Q0:8 读入到主机中，以便了解从机的工作情况，进一步决定对从机的启停控制；RUNG1 梯级用于设置从机的启动信息，当需要启动从机时，将这些信息发送给从机即可完成其启动控制；RUNG2 梯级用于设置从机的停机信息，当需要停止从机时，发送这些信息。

（2）发送与接收信息的控制。为了实现向从机读取或写入信息，需将上述初始化后的数据交换表发送到从机，对从机进行通信请求，一旦从机响应请求，就会实现数据交换表要求的读写操作，即主机可向从机写入已备好的有关数据或从从机中读取有关数据到主机。RUNG4、RUNG5、RUNG6 梯级用于发送读取从机的有关信息；RUNG7、RUNG8、RUNG9 梯级用于写从机的启动信号，以便从机启动自身的灯亮控制；RUNG10、RUNG11、RUNG12 梯级用于向从机写停止信号，以便停止从机的运行，不产生信号堵塞现象，需采用数据交换控制功能块指令%MSG 来按顺序一条一条地进行发送，发送完一组数据后，需对%MSG 进行复位，以便再次发送第二组数据，图中使用%M10、%M11 和%M20、%M21 与%MSG 配合实现此功能。

（3）主机读取数据的利用。主机读取的数据有两个：一是各从机的%MW0 数据，用于反映从机的%I0.8 各输入位的状态；二是各从机的%MW1 数据，用于反映从机的%Q0:8各输出位的状态。对各从机的%MW0 信息，主要提取从机的启停按钮是否按下的信息，启动按钮按下,%MW0 =1；停止按钮按下,%MW0 =2。启动按钮按下，用于启动主机的灯亮控制程序，如 RUNG13 梯级；停止按钮按下，用于停止所有的 PLC 的灯亮控制，如 RUNG14 梯级。对各从机的%MW1 信息，主要用于提取从机的输出位%Q0:8 的工作情况，一旦循环至%Q0.7 最后一盏灯，则应控制下一台 PLC 的第一盏灯点亮（%Q0.0 =1）。RUNG8、RUNG9、RUNG15 梯级的作用就是利用读出的信息再去控制从机的动作。

（4）从机的控制。从机的控制是通过改变从机的某些位状态来完成的。主机控制从机的过程就是通过数据交换指令来改写从机位或字状态的过程。本例中主机对从机的控制主要是灯亮的启停控制。启动控制见 RUNG7、RUNG8、RUNG9 梯级，停止控制见 RUNG10、RUNG11、RUNG12 梯级。

五、调度模块 RTC

调度模块是 NEZA 系列 PLC 特有的采用时钟功能进行控制的一种模块，它的控制作用不是通过执行用户程序来完成，而是通过编程软件的直接配置来实现。

在 NEZA 系列 PLC 中，调度模块可配置 16 个，其功能的激活与否取决于系统字%SW114各位的状态，系统字%SW114 的每一位分别控制着一个调度模块，当相应位为 1时，对应的调度模块被使能，当相应位为 0 时，对应的调度模块被禁止。

调度模块的配置通过 PL707 for Neza 编程软件"配置"菜单中的"调度模块"来进行，其相应的配置界面如图 3 - 88 所示。图 3 - 88 中的配置含义是：从 1 月 1 日开始到 10月 31 日期间的周一到周五的上午 7：30 到下午 18：00 调度模块 0 控制的输出位%Q0.0 被激活（前提是%SW114.x0 状态为1）。

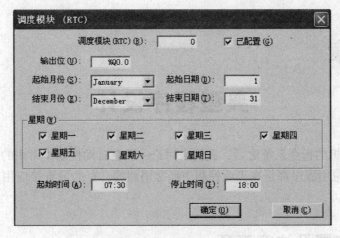

图 3-88　调度模块的配置界面

第三章　思考题

1. NEZA 系列 PLC 的存储器结构如何？存储器寻址方式有哪几种？

2. NEZA 系列 PLC 的数据存储器有何作用，可分为哪几类，主要功能各是什么？

3. NEZA 系列 PLC 的功能块存储器有哪几种？

4. 定时器功能块指令有哪几种功能？各自怎样实现？

5. 当移位寄存器功能块指令的工作条件满足时，它怎样工作？

6. 有彩灯 4 盏、按钮 1 只，要求按钮按一下亮一盏灯，按钮按两下亮两盏灯，按钮按三下亮三盏灯，按钮按四下亮四盏灯，按钮按五下灯全灭，试编写梯形图程序。

7. 设计一程序，按下常开按钮 %I0.0 时，可使负载 %Q0.0 运行 600 s，按下常开按钮 %I0.1 时，可使负载 %Q0.0 运行 900 s，%Q0.1 作为急停按钮。

8. 有彩灯 6 盏，试编制控制程序实现下面控制过程，彩灯向左或向右循环点亮，直到发出停止信号停止工作，灯亮及间隔时间均为 3 s。

9. 试用算术运算指令完成下列计算：

(1) $(3+4) \times 7 - 8$；

(2) $\dfrac{(8-3) \times 5 - 4}{7}$；

(3) $\dfrac{50}{\sqrt{(8+17) \times 4}}$；

(4) $\sqrt{\dfrac{(6+8) \times 3 - 4}{3}}$。

10. 有一台皮带运输机的传动系统，分别用电动机 M1、M2、M3 带动，控制要求如下。

按下启动按钮，先启动最后一台皮带机，经过 3 s 后依次启动其他皮带机。启动顺序是：M3→M2→M1，正常运行时，三台皮带机均工作。按下停止按钮时，先停止最前一台皮带机，停止顺序是：M1→M2→M3。

(1) 写出 I/O 分配表；

(2) 做出梯形图控制程序。

第四章

典型程序设计

学习了 PLC 机的指令系统之后，我们来讨论一下在自动控制中常用的几种典型程序的设计方法。这些应用程序都是在工业控制中经常用到的，有的可直接应用，有的可作为应用程序的一部分。

4.1 编程步骤及注意事项

一、编程步骤

对于一个控制系统来讲，根据控制任务进行编制程序，一般分三步进行。

1. 估计控制任务、分配 I/O 位

虽然 PLC 允许控制对象和控制方法具有广泛的灵活性，但确定控制任务是建立 PLC 控制系统一个十分重要的环节。

1）总 I/O 点数（位）的确定

要对某一系统用 PLC 进行控制，首先一定要弄清哪些设备（部件）发送信号给 PLC 机。例如按钮开关、检测传感器、行程开关、限位开关等，这些部件都是将信号发给 PLC 机的，告诉 PLC 机外部输入设备已经处于什么状态或让 PLC 机进行什么工作。这些部件就是 PLC 机的输入设备。我们要对这些输入设备进行统一编号，即分配一个"位"，以便与 PLC 机输入通道的接点相对应。

另外，要弄清哪些设备要从 PLC 得到命令，即 PLC 发出信号给哪些设备。例如 PLC 让某个电机什么时候转动或停止，让某个电磁阀接通或断开，让某个指示灯亮或灭等，这些执行动作的设备就是 PLC 的输出设备。同样对这些输出设备也要进行统一编号，即进行输出"位"的分配，以便与 PLC 机输出通道的接点相对应。

2）确定控制顺序

在具体控制过程中，哪个设备先动作，哪个设备后动作，动作多长时间，动作几次等，这些工作由 PLC 机内的 %TMi、%Ci 来完成。而在实际控制过程中不止一处用到定时和计数，这就要求对所有的定时器 %TMi 和计数器 %Ci 进行统一编号，以便确定控制顺序。

3）分配工作位

编制程序过程中，除了用到输入/输出接点、%TMi 和 %Ci 外，还要大量用到内部位，因这些位不是用来直接发送信号到外部设备或接收来自外部设备的信号，其功能相当于继电器控制柜中的中间继电器，是非 I/O 位，所以称它们为工作位。当然也要对它们进行统一编号，即分配工作位。

分配这些工作位时，要按工作要求和项目，有规律地使用，这样会给程序检查带来

方便。

2. 绘制梯形图

由上述分析的控制任务，确定 I/O 位、工作位及 %TMi 和 %Ci 等的编号，它们之间的相互关系和控制对象的控制顺序，就可将整个控制过程用梯形图描述出来，就构成了该控制任务的梯形图程序。

3. 将梯形图程序转换成指令表语言

如设备要求必须将梯形图语言置换成指令表语言，才能将程序输入到 PLC 中去。我们在将梯形图转换成指令表语言时，为了便于读程序，最好做一些辅助语言说明，增加程序的可读性。

二、编程的基本原则及注意事项

1) 编程原则

（1）在梯形图中最左侧竖母线代表控制电源的高电位，最右侧的竖母线代表控制电源的低电位，信号从左向右传递，回路导通使输出线圈励磁动作。右侧竖母线可忽略不画。

（2）每个梯形图由多个梯级组成，每个梯级必须有而且只能具有一个输出元素，即 OUT，或 %TMi 或 %Ci，或其他特殊功能指令。从左侧电源母线引出的每条逻辑线在到达右侧竖母线之前必定汇集于某个输出元素，从而构成该输出线圈所在的梯级，这些逻辑线称为此梯级的支路。每个梯级可以有多个支路。

（3）每个梯级的每个支路都不能以输出线圈开始，如果需要某个输出总是接通，则可以用系统位中的常 ON 位作为输入元素。

（4）在一个程序中，同一个位号不能重复用作输出，只能输出一次。但是被用作输出的位号可以多次用作输入，既可以用作常开触点，又可以用作常闭触点。

（5）在一个程序中，同一个位号可以无数次用作输入元素。

（6）一段完整的梯形图程序必须以 END 结束。

（7）在梯级的竖线上不能安排任何输入元件。

2) 注意事项

（1）在梯形图程序中不能有桥路存在。由于梯形图程序和继电-接触控制电路相近，部分结构上可以直接转化，故有可能出现桥路，需将其转换成无桥路的梯形图，如图 4-1 所示。

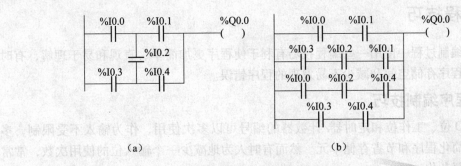

图 4-1　有桥图修改

（a）有桥路梯形图；（b）无桥路梯形图

（2）在输出线圈的右边不应再有接点，应将输出线圈作为一个逻辑行的结束，如图4-2所示。

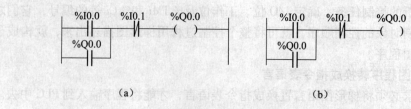

（a）　　　　　　　　　　　（b）

图4-2　接点错修改
（a）错误；（b）正确

（3）不能用输出线圈作为一个逻辑行的起点。如果需要某个输出总是接通，则可以用系统位中的常ON位作为输入点，如图4-3所示。

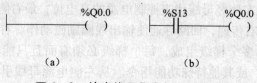

（a）　　　　　　　　　　　（b）

图4-3　输出线圈作为起点的修改
（a）错误；（b）正确

（4）输出的编号不能重复使用，但两个以上的输出可并行连接在一起，如图4-4所示。

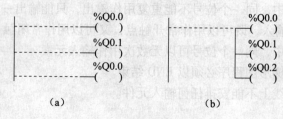

（a）　　　　　　　　　　　（b）

图4-4　多输出修改
（a）错误；（b）正确

4.2　编程技巧

在程序编制过程中使用一些编程技巧有利于使程序更加简单、直观和易于理解，有时还能够节省程序存储空间和减少不易发现的程序错误。

一、程序编制技巧

（1）I/O位、工作位和定时器/计数器的编号可以多次使用，作为输入不受限制，多次使用可以简化程序和节省存储单元。然而有时人为地减少一个输入位的使用次数，常常导致程序的复杂化。

（2）在不使程序复杂难懂的情况下，应尽可能少占用内存。

（3）在对复杂的梯形图网络进行编码时，可以使用END指令，将其划分为一些简单的功能模块，对这些模块逐个进行编码和调试，容易取得较高的效率。

（4）由于 PLC 的扫描方式是从左至右，从上至下地对梯形图网络进行扫描，上一梯级的执行结果会影响下一级的输入状态，故在编程时应加以考虑，以免将控制关系搞错。

二、编程举例

例 4 - 1 将串联接点较多的电路放在梯形图的上方，可以节省指令表语言的条数。如图 4 - 5（a）应改为 4 - 5（b）。

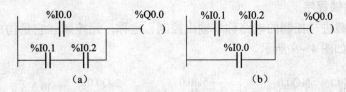

图 4 - 5 串联接点较多梯形图优化（1）

例 4 - 2 将串联接点较多的电路放在梯形图的左边，可以节省指令表语言的条数。如图 4 - 6（a）应改为 4 - 6（b）。

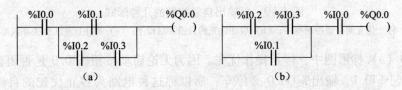

图 4 - 6 串联接点较多梯形图优化（2）

例 4 - 3 在程序中尽量不要出现分支回路。如图 4 - 7（a）应改为 4 - 7（b）。

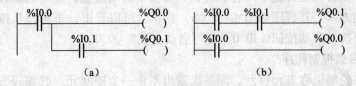

图 4 - 7 减少回路

例 4 - 4 复杂回路的处理。如图 4 - 8（a）应改为 4 - 8（b）。

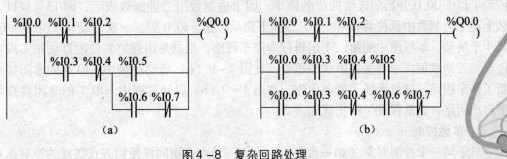

图 4 - 8 复杂回路处理

79

4.3 典型程序设计

一、自锁控制程序

自锁控制程序是自动控制系统中最常见的控制程序。除了继电接触控制系统中的一般形式外，自锁控制还有一些其他的自锁形式，下面我们加以介绍。

1. 单输出自锁程序

只对一个负载进行控制的电路称单输出控制，也称一元控制。它是构成梯形图的最基本的常用程序，如图4-9所示。

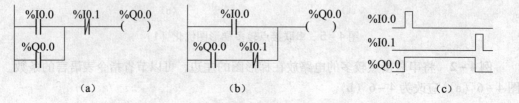

图4-9 单输出自锁控制的几种形式
(a) 停止优先的自锁控制程序；(b) 启动优先的自锁控制程序；(c) 停止优先工作关系波形图

在4-9 (a) 梯形图中，停止操作优先。因为无论启动按钮%I0.0是否闭合，只要按一下停止按钮%I0.1，输出%Q0.0必停车，所以称这种电路为停止优先的自锁电路。这种控制方式常用于需要急停车的场合。其工作关系波形图如图4-9 (c) 所示。

对于有些应用场合，例如报警设备、安全防护及救援设备等，需要有准确可靠的启动控制，即无论停止按钮是否处于闭合状态，只要按下启动按钮，便可启动设备。这就是启动优先自锁控制方式，其程序如图4-9 (b) 所示。可以看出，不论停车按钮%I0.1处于什么状态，只要按动启动按钮%I0.0，便可启动负载%Q0.0。

2. 多输出自锁控制程序

多输出自锁控制也称多元控制，即每次输出不止一个控制元。其编程方法有多种，下面我们用赋值指令构成多元自锁控制程序。

图4-10是用赋值指令实现的启动优先多输出自锁控制程序，它将十进制数15一次传到了以%Q0.0开始的连续四位的位串。因十进制数用二进制数表示，即15=1111，那么上述二进制数中低位共有4个1，即按下启动按钮%I0.0后，一次启动%Q0.0~%Q0.3共4个负载。本程序中的第二个逻辑行为停车回路，也就是用强迫复位的办法来实现可靠停车，否则赋值指令将保持原状态不变。在图4-9 (a) 启动过程中%I0.0的常闭接点切断了停车回路，这就保证了启动优先。在图4-9 (b) 启动过程中%I0.1的常闭接点切断了启动回路，这就保证了停止优先。

3. 多地控制

对于同一个控制对象（如一台电机）在不同地点，用同样控制方式实现的控制称多地控制。其方法可用并联多个启动按钮和串联多个停车按钮来实现，如图4-11所示。图中的%I0.0和%I0.1组成一对启动控制按钮，%I0.2和%I0.3又组成另一对停止控制按钮，安装在另一处，这样就可以在不同地点对同一负载%Q0.0进行控制了。

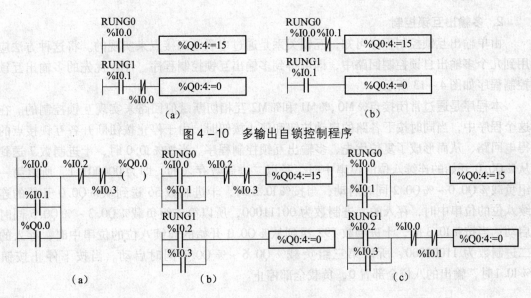

图4-10 多输出自锁控制程序

图4-11 多地控制程序

（a）一般多地控制程序；（b）停止优先的多输出多地控制程序；（c）启动优先的多输出多地控制程序

二、互锁控制程序

所谓互锁控制，是指多个自锁控制回路之间有互相封锁的控制关系。启动其中的一个控制回路，其他控制回路就不能再启动了，即受到已启动回路的封锁。只有将已启动回路的负载停掉之后，其他的控制元才能被启动。但是这些控制回路之间并没有优先权，所以互锁电路就是先启动优先控制电路，也称唯一性控制。

1. 单输出互锁控制

设现有三个负载%Q0.0、%Q0.1和%Q0.2，每个回路都是单输出自锁控制，它们之间都存在着互锁关系，如图4-12所示。在图4-12（a）中，可任意启动一个负载（如%Q0.0），则通过%Q0.0的两个常闭接点切断了%Q0.1和%Q0.2的控制回路，使它们不能再启动了。只有%Q0.0被释放后，才能启动其他控制回路。在任何时候都只能启动一个控制回路。

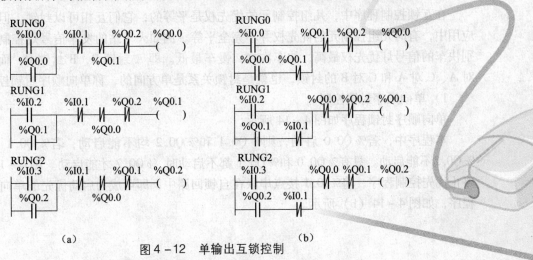

图4-12 单输出互锁控制

（a）停止优先互锁控制程序；（b）启动优先的互锁控制程序

2. 多输出互锁控制

由单输出互锁控制程序可知，互锁关系是通过串联常闭接点来实现的。将这种方法应用到几个多输出自锁控制回路中，即可得到多输出互锁控制程序。停止优先的多输出互锁控制程序如图 4 – 13 所示。

本程序是通过常闭接点 %M0、%M1 和 %M2 互相切断赋值回路来实现互锁控制的。在这个程序中，当同时按下各路的启动按钮和停止按钮时，由于停止按钮断开各互锁接点的得电回路，从而形成了复位优先、多输出互锁控制程序。当按 %I0.0 时，十进制数 7 送到从 %Q0.0 开始的连续八位的位串中时，是以二进制数存入的，即为 00000111，所以第一组负载 %Q0.0 ~ %Q0.2 同时启动；当按 %I0.2 时，十进制数 56 送到从 %Q0.0 开始的连续八位的位串中时，存入的二进制数为 00111000，所以第二组负载 %Q0.3 ~ %Q0.5 同时启动；当按 %I0.3 时，十进制数 192 送到从 %Q0.0 开始的连续八位的位串中时，存入的二进制数为 11000000，所以第三组负载 %Q0.6 ~ %Q0.7 同时启动。当按下停止按钮 %I0.1 时，输出的八位全部置 0，负载全部停止。

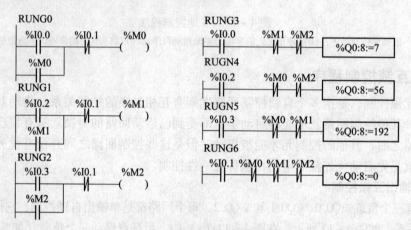

图 4 – 13　多输出互锁控制程序

3. 单向顺序封锁控制程序

在互锁控制程序中，几组控制元的优先权是平等的，它们互相可以封锁，但是在实际应用中，有时几组控制元的优先权并不完全平等。例如火车站的发车信号灯控制系统，特别快车的信号灯优先权最高，快车次之，慢车最低。即 A 封锁 B，B 封锁 C，而不存在 B 对 A、C 对 A 和 C 对 B 的封锁，也就是封锁关系是单方向的，称单向顺序封锁控制。

1）单向顺序封锁控制

单向顺序封锁程序如图 4 – 14 所示。

本程序中，若 %Q0.0 启动，则 %Q0.1 和 %Q0.2 均不能启动；若 %Q0.1 启动，则 %Q0.2 不能启动。只有 %Q0.0 和 %Q0.1 都不启动时，%Q0.2 才能启动。图 4 – 14（a）是停止优先控制程序，将 %I0.1 接点串联在自锁回路中，即可成为启动优先的单向顺序封锁程序，如图 4 – 14（b）所示。

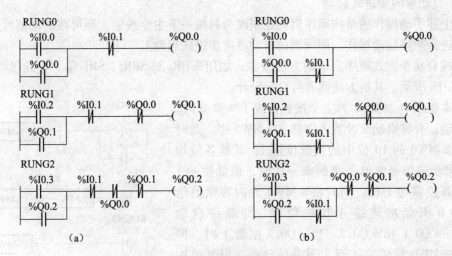

图 4-14　单向顺序封锁程序

（a）停止优先的单向顺序封锁程序；（b）启动优先的单向顺序封锁程序

2）单向顺序启动程序

A 启动后 B 才能启动，A、B 启动后 C 才能启动，这种控制程序称单向顺序启动控制。如图 4-15 就是这种单向顺序启动控制。

在图 4-15（a）中负载%Q0.0 在任何时候都可以启动，只有%Q0.0 启动后,%Q0.1才能启动,%Q0.0 和%Q0.1 同时启动后,%Q0.2 才能启动。不难看出，本程序是停止优先的。若将%I0.1 接点串联在自锁回路中，就可改为启动优先的单向顺序启动控制程序，如图4-15（b）所示。它与单向顺序封锁程序的区别是将输出的常闭接点改为常开接点串联在各主回路中。

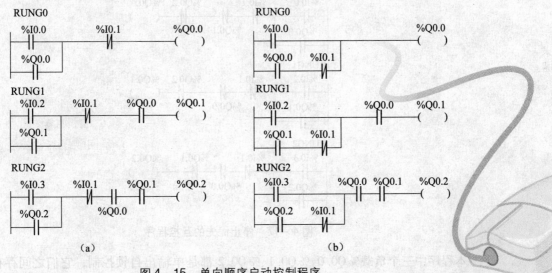

图 4-15　单向顺序启动控制程序

（a）停止优先的单向顺序启动控制程序；（b）启动优先的单向顺序启动控制程序

3）自动单向步进式启动

将上述手动操作的单向顺序启动控制改为只按一下主令按钮，便可在启动信号的控制下自动进行顺序启动操作，即所谓的自动单向步进式启动。

构成自动步进式顺序启动的方法很多，如用% DRi、% SBRi、SHL 等。在此仅举一例，如图4-16所示。其他方法读者可自行设计。

在本程序中，% I0.0 为主令按钮，按下% I0.0 时，系统启动，并将启动脉冲置入内部字% MW0 中，此时内部字% MW0 的 16 位中的最低位置 1，其他各位均置 0。当步进信号% I0.1 每到来一次时，最低位的 1 依次向高位移动 1 位，同时将% MW0 的内容赋值给从% Q0.0 开始的连续 4 位的位串。即顺序启动% Q0.0，% Q0.1 和% Q0.2。当% Q0.3 刚置 1 时，即重新给% MW0 赋值，从而实现循环动作。当复位按钮% I0.2 到来时，给% MW0 赋值为 0，则所有输出负载停止。若将系统的步进信号% I0.1 换成秒脉冲发生器，适当调整脉冲时间，即可实现三台负载相同时间轮流工作。

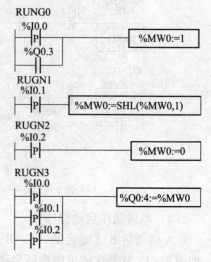

图4-16 自动单向步进启动控制程序

三、互控程序

所谓互控，是指在多个控制元中，可任意启动其中之一，而且只能启动一个控制元；若要启动下一个控制元，无须按动停车按钮，便可启动，而已启动的控制元自行停止控制。停止优先的互控程序如图4-17所示。

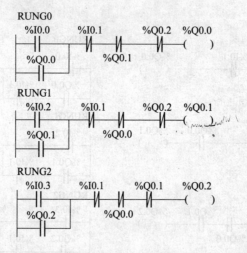

图4-17 停止优先的互控程序

本程序中三个负载% Q0.0、% Q0.1、% Q0.2 都是单输出自锁控制，它们之间存在着互锁控制。因此只要按下任意一个启动按钮均可启动各自的负载，同时封锁了其他两个回路，使它们不能启动。即任何时间只能启动一个控制元。

四、时间控制程序

在自动控制系统中经常用到延时启动及延时停止控制、步进启动及停止控制，循环定时步进控制等。下面我们对这几种时间控制程序分别加以介绍。

1. 延时启、停控制

（1）延时 10 s 启动，程序如图 4 – 18 所示。

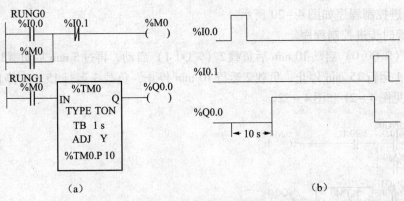

图 4 – 18　延时启动控制程序及波形关系图
(a) 梯形图；(b) 波形图

（2）延时 5 s 启动，延时 10 s 停车控制程序如图 4 – 19 所示。

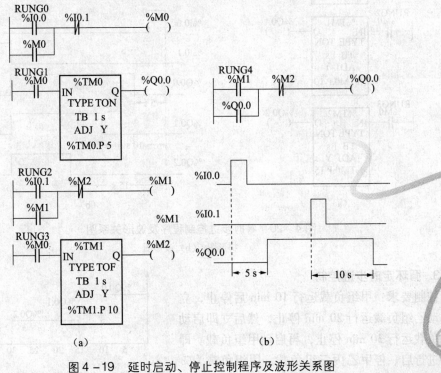

图 4 – 19　延时启动、停止控制程序及波形关系图
(a) 梯形图；(b) 波形图

图 4 – 19 中，当按下启动按钮时，同时启动定时器% TM0、% TM1。5 s 后定时器

%TM0延时到达，负载启动。延时 10 s 停车采用的是断电延时断开型（TOF）定时器，通电时不启动。当按下停止按钮时,%TM1 启动延时，10 s 后延时时间到达，输出 Q 置 1，接通%M2，切断负载回路，从而实现延时 10 s 停车。

2. 单向定时步进控制

单向定时步进控制按步进的时间不同分为等时和不等时两种。

1）等时步进控制程序

等时步进控制程序如图 4 - 20 所示。

2）不等时步进控制程序

负载 1（%Q0.0）启动 10 min 后负载 2（%Q0.1）启动，再过 5 min 后负载 3（%Q0.2）启动。负载 1 运行 15 min 停止，负载 2 运行 10 min 停止，负载 3 运行 15 min 停止。时间关系及梯形图见图 4 - 21 和图 4 - 22。

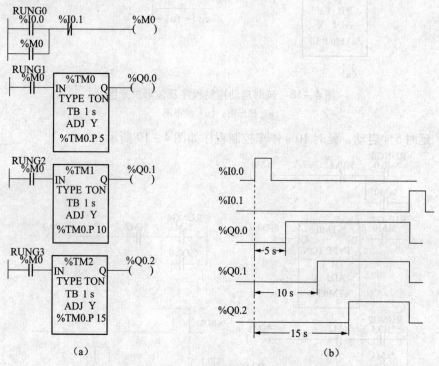

（a）

（b）

图 4 - 20 等时步进控制程序及波形关系图

（a）梯形图；（b）波形图

3. 循环定时步进控制

控制要求：甲组负载运行 10 min 后停止，立即启动乙组负载运行 20 min 停止，然后立即启动丙组负载运行 30 min 停止，再启动甲组负载。即循环进行启、停甲乙丙三组负载。甲组负载为%Q0.0 ~ %Q0.2，乙组负载为%Q0.3 ~ %Q0.5，丙组负载为%Q0.6、%Q0.7。其梯形图如图 4 - 23 所示。

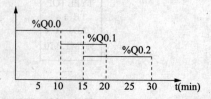

图 4 - 21 各个负载的启、停时间关系

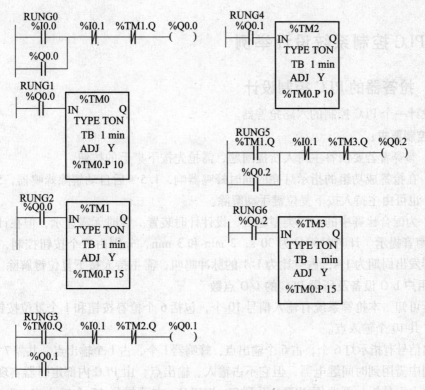

图 4-22 不等时步进控制程序

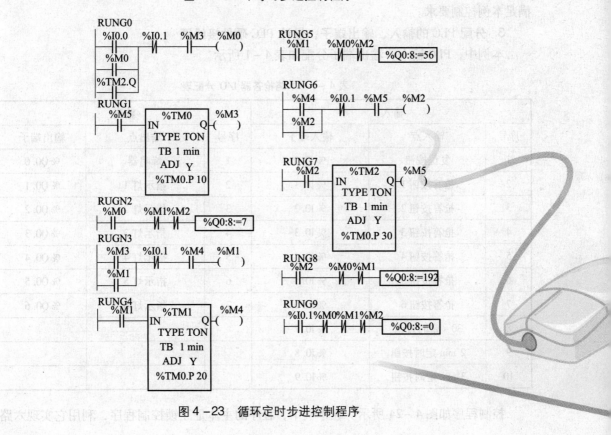

图 4-23 循环定时步进控制程序

4.4 PLC 控制系统设计举例

一、抢答器的 PLC 控制设计

试设计一个 PLC 控制的六路抢答器。

1. 控制要求：

（1）参赛者若要回答主持人所提问题，需抢先按下桌上的按钮。

（2）在抢答成功组的指示灯亮的同时蜂鸣器响，1.5 s 后自动解除蜂鸣器，5 s 后自动光指示，也可由主持人按下复位键手动解除。

（3）为配合比赛中的不同类型题目，设计计时装置。计时无需显示，但在计时到达前 5 s 给出声音提示。计时时间分为 30 s，2 min 和 3 min，分别由三个按钮控制，计时到达后蜂鸣器发出周期为 1 s，占空比为 1:1 的脉冲鸣叫，需主持人按下复位键解除。

2. 用户 I/O 设备及所需 PLC 的 I/O 点数

分析可知，本抢答系统有输入信号 10 个，包括 6 个抢答按钮和 1 个复位按钮，3 个计时按钮，共 10 个输入点。

输出信号有指示灯 6 个，占 6 个输出点；蜂鸣器 1 个，占 1 个输出点，共需 7 个输出点。控制中需用到时间继电器，但它不占输入、输出点，由 PLC 内部定时器实现其功能。

综合上面分析，可选用 NEZA 系列 20 点 PLC，它可提供 12 个输入点，8 个输出点，满足本例控制要求。

3. 分配 PLC 的输入、输出端子，设计 PLC 硬件接线图

本例中，PLC 输入、输出端子分配如表 4-1 所示。

表 4-1 六路抢答器 I/O 分配表

输入			输出		
序号	输入点	输入端子	序号	输出点	输出端子
1	复位按钮	%I0.0	1	蜂鸣器	%Q0.0
2	抢答按钮 1	%I0.1	2	指示灯 1	%Q0.1
3	抢答按钮 2	%I0.2	3	指示灯 2	%Q0.2
4	抢答按钮 3	%I0.3	4	指示灯 3	%Q0.3
5	抢答按钮 4	%I0.4	5	指示灯 4	%Q0.4
6	抢答按钮 5	%I0.5	6	指示灯 5	%Q0.5
7	抢答按钮 6	%I0.6	7	指示灯 6	%Q0.6
8	30 s 定时按钮	%I0.7			
9	2 min 定时按钮	%I0.8			
10	3 min 定时按钮	%I0.9			

控制程序如图 4-24 所示。在本例中，程序的主体是互锁控制程序，利用它实现六路

抢答的相互封锁。利用六路输出启动蜂鸣器，利用秒脉冲发生器实现占空比为1:1，周期为1 s的脉冲启动蜂鸣器，以实现提示计时到达的提示功能。PLC硬件接线图如图4-25所示。为安装方便，在硬件接线图中加入端子排以增加安装的灵活性。

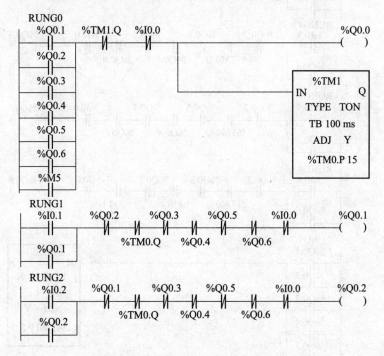

图4-24　六路抢答器控制程序

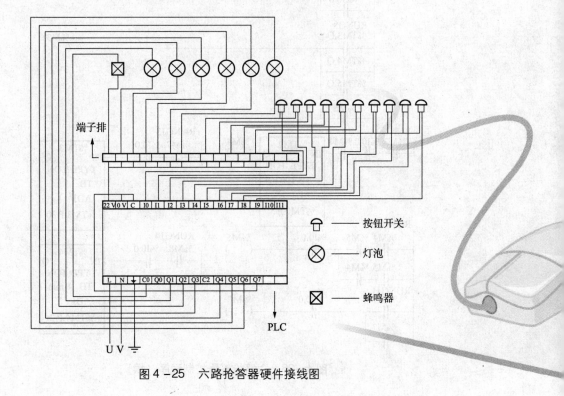

图4-25　六路抢答器硬件接线图

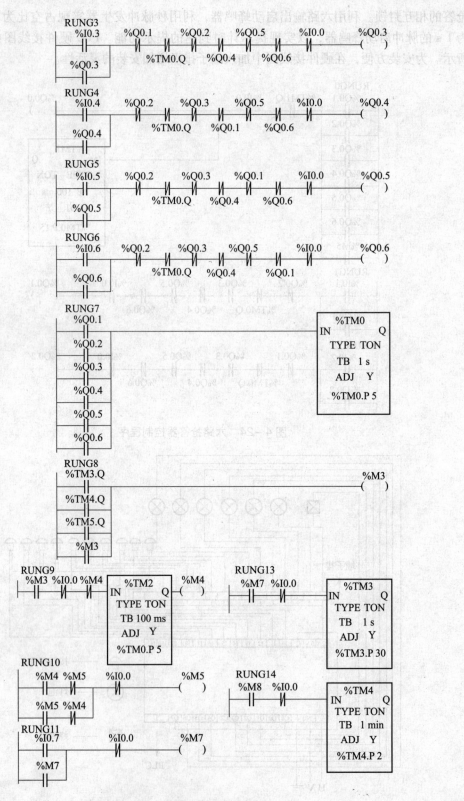

图 4 -25 六路抢答器控制程序（续）

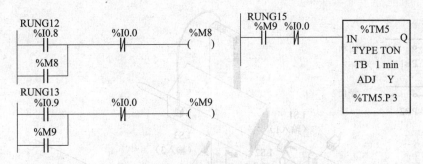

图4-25 六路抢答器控制程序（续）

二、工业机械手的步进控制

图4-26是工业机械手的控制过程示意图。机械手的任务是将传输带A上的物品搬运到传输带B上，其中的上升、下降、左转、右转、抓、放等动作均可用PLC来完成。图4-26（a）是机械手的工作过程。传输带B连续运转，图4-26（b）是它的工作时序图。

1. 工艺过程与控制要求

机械手运动各检测元件、执行元件分布及动作过程如图4-26所示，全部动作由气缸驱动，而气缸又由相应的电磁阀控制。其中，上升/下降和左转右转分别由双线圈二位电磁阀控制。例如，当下降电磁阀通电时，机械手下降；当下降电磁阀断电时，机械手停止下降，但保持现有的动作状态。只有在上升电磁阀通电时，机械手才上升；当上升电磁阀断电时，机械手停止上升。同样，左转/右转分别由左转电磁阀和右转电磁阀控制。机械手的放松/夹紧两个用接触器控制电动机正反转来实现，正转时，机械手夹紧；反转时，机械手放松。

该机械手的工作过程如下：按下启动按钮后，上升电磁阀通电，手臂开始上升，到达一定高度后，由上升限位开关LS4检测，上升电磁阀断电，上升停止；同时接通左转电磁阀，机械手左转。手臂开始左旋转，到达左极限位置时，由手臂左旋极限开关LS2检测；左转电磁阀断电，同时下降电磁阀通电，机械手手臂开始下降，到达下降极限位置时，由手臂下降极限开关LS5检测；下降电磁阀断电，同时传输带A开始运载被送物品前进，当物品到达机械手的手掌时，由物品检测传感器PS1检测到位，停止传输带A前进，同时夹紧电动正转，将物品开始抓紧，是否将物品已经抓紧，由夹紧限位传感器LS1检测；此时上升电磁阀通电，手臂开始上升，到达上升限位后由上升限位开关LS4检测；上升电磁阀断电，同时右转电磁阀通电，手臂开始右旋，到位后由右旋限位开关LS3检测；右转电磁阀断电，下降电磁阀通电，手臂开始下降，到位后由下降限位开关LS5检测；下降电磁阀断电，同时夹紧电动反转，手臂将物品放下，2s后手臂开始上升，进行下一轮操作。

2. 用户I/O设备及所需PLC的I/O点数

分析可知，本控制需设上、下、左、右4个位置检测开关，占4个输入点；物体检测开关1个，占1个输入点；启动、停止2个按钮，占2个输入点；抓限位1个，共需8个输入点。

输出设备有上升/下降、左转/右转电磁阀，占4个输出点，夹紧/松开电磁阀，占2个输出点，共需6个输出点。

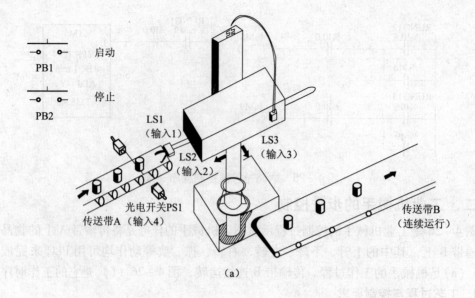

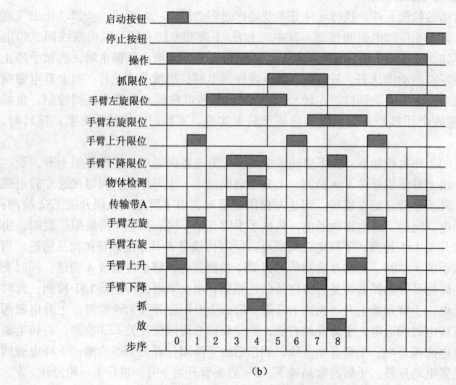

图 4-26 机械手控制过程示意图及工作时序图

（a）工作示意图；（b）机械手工作步序时序图

3. 分配 PLC 的输入、输出端子，设计 PLC 硬件接线图

本例中，PLC 输入、输出端子分配如表 4-2 所示，梯形图程序如图 4-27 所示。

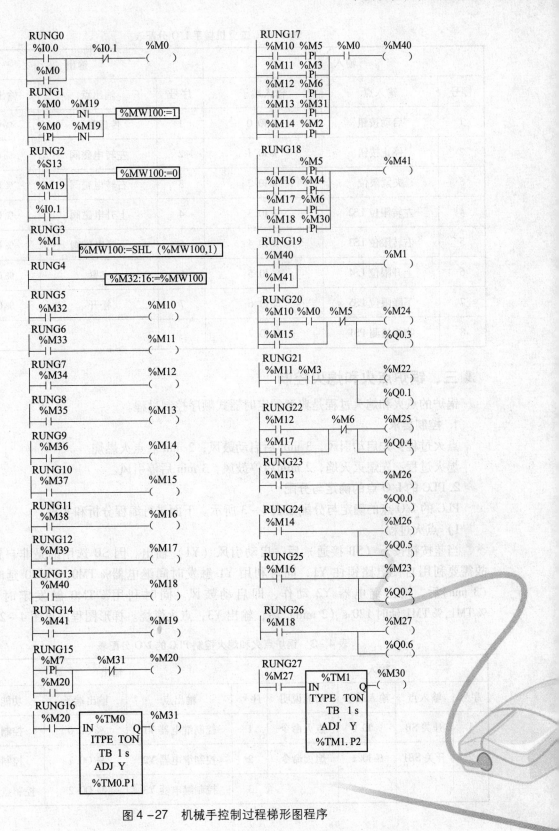

图4-27 机械手控制过程梯形图程序

表4-2　工业机械手 I/O 分配表

输入			输出		
序号	输入点	输入端子	序号	输出点	输出端子
1	启动按钮	%I0.0	1	传送带 A	%Q0.0
2	停止按钮	%I0.1	2	左转电磁阀	%Q0.1
3	夹紧限位	%I0.2	3	右转电磁阀	%Q0.2
4	左转限位 LS2	%I0.3	4	上升电磁阀	%Q0.3
5	右转限位 LS3	%I0.4	5	下降电磁阀	%Q0.4
6	上升限位 LS4	%I0.5	6	夹紧	%Q0.5
7	下降限位 LS5	%I0.6	7	松开	%Q0.6
8	物体检测 PS1	%I0.7			

三、锅炉点火和熄火控制

锅炉的点火和熄火过程是典型的定时器式顺序控制过程。

1. 控制要求

点火过程：先启动引风，3 min 后启动鼓风，2 min 后点火燃烧。

熄火过程：先熄灭火焰，2 min 后停鼓风，3 min 后停引风。

2. PLC 的 I/O 点的确定与分配

PLC 的 I/O 点的确定与分配如表4-3所示。下面进行编程分析和实现。

1）点火过程

当蓝按钮按下（SB 接通）后，启动引风（Y1）输出。因 SB 选用的是非自锁按钮，故需要利用自锁电路锁住 Y1，同时利用 Y1 触发时间继电器%TM0，%TM0 延时 180 s（3 min）后，输出继电器 Y2 动作，即启动鼓风。同时利用% TM0 触发定时继电器%TM1，%TM1 延时 120 s（2 min）后，输出 Y3，点火燃烧。梯形图程序见图4-28。

表4-3　锅炉点火和熄火控制 PLC 的 I/O 分配表

输入				输出			
序号	输入点	输入端子	功能说明	序号	输出点	输出端子	功能说明
1	开关 SB	%I0.0	点火命令	1	控制继电器 Y1	%Q0.0	控制引风
2	开关 SB1	%I0.1	熄火命令	2	控制继电器 Y2	%Q0.1	控制鼓风
				3	控制继电器 Y3	%Q0.2	控制点火开关

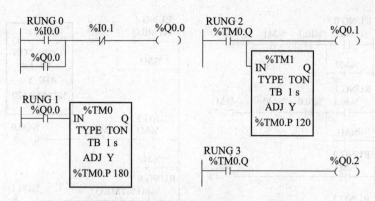

图4-28　锅炉点火过程控制程序梯级图

2）系统的点火和熄火过程的综合程序

下面所示的两个程序都可以实现锅炉系统的点火和熄火过程控制，但实现的方式不同。图4-29程序利用了4个时间继电器，但程序的逻辑关系比较简单易懂。

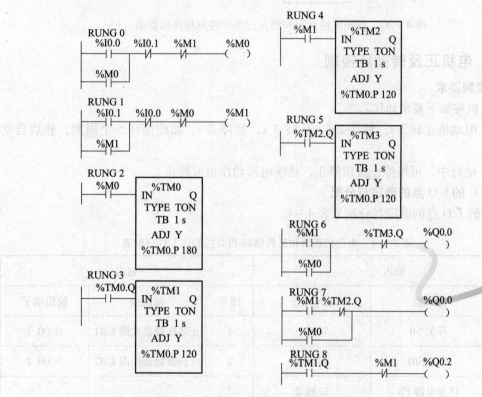

图4-29　锅炉系统点火和熄火过程的控制程序梯级图（a）

图4-30程序利用了2个时间继电器，节约了2个时间继电器，但控制逻辑相对复杂些。

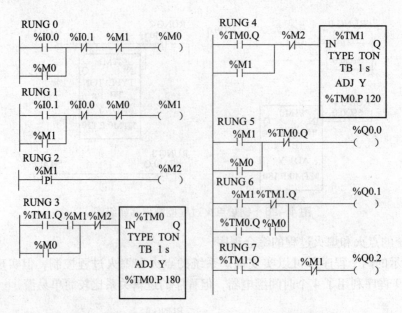

图 4 - 30 锅炉系统点火和熄火过程的控制程序梯级图 （b）

四、电机正反转循环控制

1. 控制要求

使电机按如下要求动作：

（1）电动机正转 3 s，暂停 2 s，反转 3 s，暂停 2 s，如此循环 5 个周期，然后自动停止。

（2）运行中，可按停止按钮停止，热继电器动作也应停止。

2. PLC 的 I/O 点的确定与分配

PLC 的 I/O 点的确定与分配见表 4 - 4。

表 4 - 4 电动机正转和反转循环 PLC 控制的 I/O 分配表

输入			输出		
序号	输入点	输入端子	序号	输出点	输出端子
1	开关 SB	%I0.0	1	正转接触器线圈 KM1	%Q0.1
2	开关 SB1	%I0.1	2	反转接触器线圈 KM2	%Q0.2
3	热继电器 FR	%I0.2	3		

3. 梯形图

根据要求所设计的梯形图如图 4 - 31 所示。

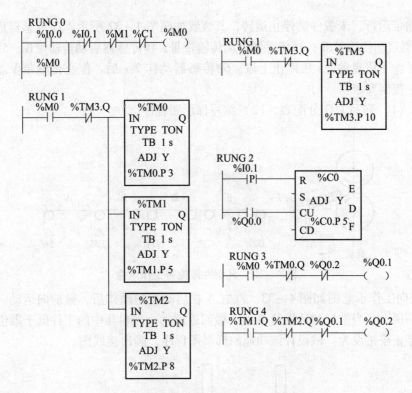

图 4-31 电动机正反转循环控制梯级图

第四章 思考题

1. 设计三台电动机顺序停止的 PLC 控制系统，其控制要求要求如下：

按下启动按钮后，三台电动机同时启动。按下停止按钮时，电动机 M1 停止；5 s 后，电动机 M2 停止；电动机 M2 停止 10 s 后，电动机 M3 停止。

2. 试编写单台电动机实现三地控制的梯形图和指令程序。

3. 设计一个计数范围为 1 000 的计数器。

4. 用移位寄存器指令设计一个路灯照明系统的控制程序，三个路灯按 HL1→HL2→HL3 的顺序依次点亮。各路灯之间点亮的时间间隔为 10 s。

5. 有两盏信号灯 HL1 和 HL2，启动后，两盏灯交替循环点亮，每盏灯亮的时间是 4S，试设计其控制线路。

6. 今有彩灯四盏、按钮一只，要求按钮按一下亮一盏灯，按两下亮二盏灯，按三下亮三盏灯，按四下亮四盏灯，按五下灯全灭，试编写程序。

7. 今有彩灯六盏，希望彩灯向左或向右依次循环点亮，直到发出停止信号停止工作。灯亮及间隔时间均为 3 s，试采用循环指令或移位寄存器功能块指令编写程序。

8. 现有一个展厅，最多可容纳 100 人同时参观。展厅进口处与出口处各装一个传感器，每有一人进出，传感器给出一个脉冲信号。试编程实现，当展厅不足 100 人时绿灯亮，表示可以进入；当展厅满 100 人时红灯亮，表示不准进入。

9. 将轧钢件从开坯到料场的传输带分为五段，分别由五台电机拖动。要使那些载有轧件的传输带运行，未载件的停止运转，其装置如题图4-32所示。1#传感器启动传输带I；2#传感器启动传输带II；3#传感器启动传输带III；4#传感器启动传输带IV；5#传感器启动传输带V。下段启动2s后停止上段。6#传感器动作2s后，停止传输带V。试用PLC机完成这一控制要求。

要求：（1）列写I/O分配表，（2）编写梯形图程序。

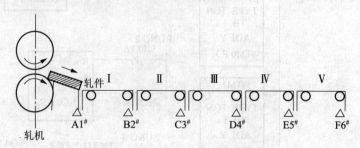

图4-32 轧钢件传输带工作示意

10. 双向工作示意图如图4-33。汽缸A在启动按钮动作后，做前向运动，将料斗中的工件逐一顶出。当推杆到达限位B时，做回返运动，当料斗中的工件低于限位C时，停止顶出，停止按钮设为。试设计该功能的梯形图程序，画出接线图。

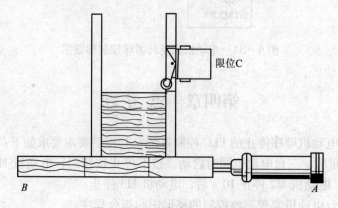

图4-33 双向汽缸工作示意

11. 某地有一公路和铁路的交叉口，如图4-34所示。用两台电机启、停护栏，为汽车和行人放行与断开。试设计该功能的梯形图程序，画出接线图。

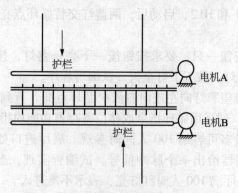

图4-34 公路和铁路的交叉口示意

12. 图 4 - 35 中所示为由两组皮带机组成的原料运输自动化系统，该自动化系统的启动顺序为：料斗 D 中无料，先启动皮带 C （电机 D_2），再启动皮带 B （电机 D_1），最后再打开电磁阀门 DT，该自动化系统停机的顺序与启动顺序相反，试完成梯形图程序设计，写出指令表程序。

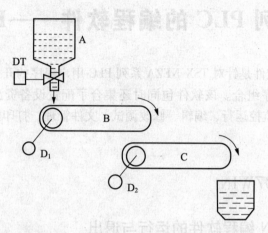

图 4 - 35　原料运输自动化系统工作示意

13. 利用 PLC 实现下列几项控制要求，分别绘出各自的梯形图。

（1）电动机 M_1 先启动 10 s 后，M2 才能启动，M2 能单独停车；

（2）M1 启动后 50 s，M2 才能启动，M2 能点动；

（3）M1 先启动后，经过 10 s，M2 能自动启动；

（4）M1 先启动后，经过 15 s，M2 能自行启动，当 M2 启动后，M1 立即停止；

（5）启动时，M1 启动后 M2 才能启动；停止时，M2 停止后 M1 才能停止。

第 五 章 …

NEZA 系列 PLC 的编程软件——PL707WIN

PL707WIN 编程软件是针对 TSX NEZA 系列 PLC 用户程序的开发、设计、输入、调试等工作的一种应用程序组合。该软件包同时还集合了配置设备资源、确定机型、参数配置、程序传送、在线监控运行、编辑、修改调试、文件管理、打印管理、交叉引用应用程序等功能。

5.1 认识 PL707WIN

一、PL707WIN 编程软件的运行与退出

（1）启动 PL707WIN 编程软件。

双击桌面上的 PL707WIN 快捷图标，运行编程软件或点击 Windows 的"开始"菜单，在"程序"菜单下选择"Modicom telemecanique"，点击"PL707WIN for Neza"图标运行 PL707WIN 编程软件。

（2）打开现有的应用程序。

从"文件"菜单中选择"打开"选项，从选择对话框中选择文件。

（3）退出 PL707WIN 编程软件。

从"文件"菜单中选择"退出"（或按 Ctrl + Q 组合键）。

（4）关闭应用程序。

注意：使用 PL707WIN 软件一次只能打开一个应用程序。若有一个程序已经打开，再打开第二个程序，则会出现一个对话框提示："请在打开另一个应用程序之前关闭当前的应用程序。"

二、PL707WIN 编程软件常用操作菜单功能

（1）新建：新建一个应用程序。状态栏中显示的程序状态将从初始化变为离线状态。软件可以根据使用者在参数对话框中的选择自动打开梯形图查看器或指令列表编辑器窗口。缺省打开的是梯形图查看器窗口。

（2）打开：可以从已经存在的文件夹中选择一个应用程序，选择文件类型". Pl7"为后缀的文件，打开作为当前程序，在窗口中显示。

（3）另存为：保存程序，选择路径并存储成以". pl7"为后缀的文件。

（4）关闭：关闭当前的应用程序。

（5）导入/导出：可以导入、导出 ASCII 程序文件及变量文件，还可以将源程序文件（指令列表或梯形图）传到 PL7 MICRO（PLC 的另一种机型）。

（6）安全设置：将当前应用程序的安全级别从"操作员级"更改为"管理员级"。

（7）打印：用于设置打印选项，来调整打印范围、变量、梯形图、指令列表等具体参数。

（8）打印设置：用于定义打印机名或文件名，以及页面布局。

（9）退出：退出当前的应用程序。

（10）指令列表编辑：选择以指令列表形式编辑用户程序，打开"指令列表编辑器"。

（11）梯形图编辑：选择以梯形图形式编辑用户程序，打开"梯形图编辑器"。

（12）数据编辑：构造和保存数据页。

（13）变量编辑：对程序中用到的数据变量赋予变量名。

（14）配置编辑：对 PLC 中的定时器、计数器、锁存输入等软硬件资源赋予特定值，控制它们的动作。

（15）交叉引用：查找所需要的内容，引用同程序的其他位置。

（16）首选设置：设置当前编辑界面的程序类型、显示方式、显示数制等。

（17）确认程序：编译整个程序，并检查错误。

（18）确认梯级：确认一个梯级，并检查错误。

（19）扩展端口：配置 I/O 扩展链接或配置从站链接。

（20）编程端口：确定通信协议和通信参数。

（21）传送：实现 PC 与 PLC 之间应用程序的传送与复制。

（22）连接（在线）：建立 PC 与 PLC 之间的信息连接通路。

（23）断开（离线）：断开 PC 与 PLC 之间的信息连接通路。

（24）运行：直接操作使 PLC 从停止状态进入"运行"状态。

（25）停止：直接操作使 PLC 从运行状态进入"停止"状态。

（26）切换动态显示：操作使程序在窗口中反映其操作过程中触点的动态变化情况。

5.2 程序编制

PL707WIN 编程软件的梯形图编辑界面如图 5−1 所示。

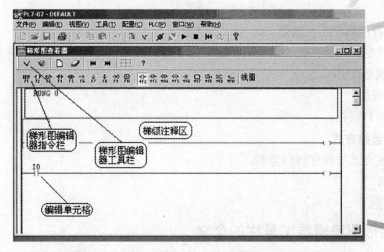

图 5−1 PL707WIN 软件的梯形图编辑界面

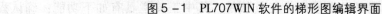

一、梯形图程序编辑、通信、监视、运行的基本步骤

1. 配置梯形图编辑器

在"视图"菜单中选择"首选设置",打开对话框,如图 5-2 所示。选择"梯形图"、选择"一行"(或三行变量或地址)以显示一行(或三行)的变量或地址;调整"显示属性"使"梯形图信息"对话框里"三行变量或地址"同时显示;调整变量是以十进制还是十六进制格式显示;选择"显示工具栏"复选框以便在编辑窗口显示工具栏,选择"编辑梯级时关闭梯形图视图"复选框,最后点击"确定"完成。

2. 使用梯形图编辑器（或在查看器中编辑程序）

在"视图"菜单内选择"梯形图编辑",则出现梯形图查看窗口;从"工具"菜单里选择"插入梯级"或单击 ⊸⧉ 按钮,则可以进入梯形图编辑器,或在梯形图查看器中编辑程序。

3. 定义变量

打开变量编辑器,在其中可以很方便地给程序中的数据变量赋予容易识别的名字。名字包括字母和数字(也称变量名)。变量名有助于使用者快速检查和分析程序的逻辑性,大大简化了程序开发和调试的过程。可以在离线状态下打开变量编辑器,但是在监控状态下不能打开变量编辑器。

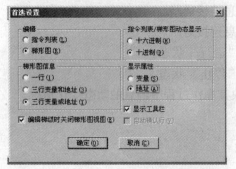

图 5-2 配置梯形图编辑器

4. 插入图形指令

利用鼠标和键盘,结合工具栏、指令栏的按钮输入指令或赋予参数,编辑梯形图程序。

5. 确认程序或确认梯级

利用工具栏的功能按钮,对编辑的梯级或程序进行编译并检查错误,显示便于更改。

6. 连接 PC 与 PLC,确定 PLC 的工作方式

利用工具栏的功能按钮,建立 PC 与 PLC 之间的连接,并调整 PLC 的现在工作方式为"暂停"。

7. 传送程序到 PLC,改变 PLC 的工作方式

利用工具栏的功能按钮,将 PC 中编写的经过检验的程序下传到已经解开封装的 PLC 内存中,完成更改 PLC 工作方式为"运行"。

8. 保存程序

对程序进行保存。

9. 进入监控方式

进入监控方式对程序进行监控。

10. 关闭

关闭程序。

二、梯形图编辑器工具栏的含义

梯形图编辑器是编辑程序经常使用的工具软件,其中工具栏具有如下功能:确认程

序、确认梯级、取消梯级、新建梯级、清除梯级、上一梯级、下一梯级、切换单元格、帮助等，如图5-3所示。

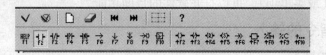

图5-3　梯形图编辑器

1. "确认程序"菜单

单击此菜单项，对录入的程序进行编译并检查其中的错误，在确认错误窗口显示信息。主要检查程序行或梯级的语法是否正确，检查程序中用到的变量是否有相应说明。

2. ∨ 按钮或"确认梯级"菜单

单击此按钮（或菜单项），可以从梯形图编辑窗口中确认单一的梯级。如梯级没有错误，则编辑器窗口被关闭，确认好的梯级出现在查看窗口。如梯级出现错误，则将出现"错误信息"，描述具体的错误。

3. ⊘ 按钮或"取消梯级"菜单

单击此按钮（或菜单项），可以退出编辑器窗口，回到梯形图查看窗口，并且对当前编辑器内容未做任何修改。

4. ▢ 按钮或"新建梯级"菜单

单击此按钮（或菜单项），可以确认并存储梯形图程序中的当前梯级，并新建一个梯级，梯级的编号为梯形图程序中的下一个连续号码，梯形图查看窗口更新显示在梯形图编辑器中已确认的梯级。

5. ▨ 按钮或"清除梯级"菜单

单击此按钮（或菜单项），可以清除梯形图编辑窗口中的当前梯级，编辑窗口依旧打开，编辑网格清空。

6. ◄◄ 按钮或"前一梯级"（上一梯级）菜单

单击此按钮（或菜单项），可以确认并保存当前梯级，然后选中上一个梯级。

7. ►► 按钮或"下一梯级"菜单

单击此按钮（或菜单项），可以确认并保存当前梯级，然后选中下一个梯级。

8. ▦ 按钮或"切换单元格"菜单

单击此按钮（或菜单项），可以在单元格显示与否之间进行切换，即原来编辑器画面有网格显示时，点击此按钮（或菜单项），可以使网格消失；而再一次单击此按钮，可以使网格再次出现。

9. **?按钮或"帮助"菜单**

单击此按钮（或菜单项），可以打开软件的帮助功能。

三、程序指令的输入

1. 图形指令的输入

1）插入图形指令的规则

（1）从左至右，编程单元格里共有7栏，而位于指令栏左部的图形指令不能插入最后一栏或两栏（由于比较块指令占了两个单元格）。

（2）线圈、反转线圈、复位线圈、置位线圈和跳转/子程序调用指令只能插入单元格的最后一栏（若在别处插入，软件会自动处理到该行的最后一栏）。

（3）操作块占了四个单元，只能插入单元格的最后四栏（若在别处插入，软件会自动处理到该行的最后四栏）。

（4）定时模块和计数模块各占两个水平单元，不能插入单元格的第一栏或最后两栏。

（5）位于扩展梯形图选项板左部的特殊触点不能插入单元格的第一栏和最后一栏。作为例外，常开和常闭触点可以插入单元格的第一栏。

（6）扩展梯形图选项板（如图5-4所示）上的功能块占两个水平单元；不能插入单元格的第一栏或最后两栏，每个梯级只能有一个功能块。

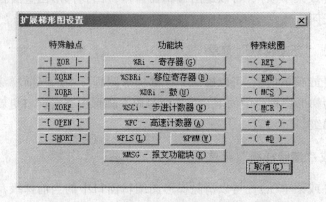

图5-4　扩展梯形图选项板

（7）位于扩展梯形图选项板左部的特殊线圈只能插入网格的最后一栏（若在别处插入，软件些会自动处理到该行的最后一栏）。

2）新建工程、插入梯级

（1）打开 PL707WIN 软件包，从文件菜单中点击"新建"，建立新工程，出现梯形图查看器界面。

（2）从"工具"菜单里选择"插入梯级"，或在查看器中常用指令单击 ⊣≡ 按钮，进入梯形图编辑方式，如图5-1所示。

（3）如要显示编程单元格，可以通过"工具"菜单或编辑器工具栏上的 ▦ 按钮将单元格切换出来（既可以用鼠标也可以用键盘来输入图形指令）。

3）使用鼠标插入图形指令

（1）将鼠标指向指令栏上的相应触点符号，单击鼠标即可选取一个指令，同时在指令栏的右侧显示所取指令的名称（如图5-5所示）。如要选择扩展梯形图选项板上的指令，只需从指令栏上选择其对应的图形指令，随后就出现了扩展梯形图选项板。单击即可从选项板上选择所需的指点令，梯形图编辑窗口将在指令栏的右部显示所选择指令的名称。

（2）鼠标指向目标单元格，右击鼠标即可放置图形指令，且在另一指令被选中前，此指令仍保持激活状态。若还要将此指令放置在别的单元，只需要将鼠标指向相应的目的单元处，并右击鼠标即可。若要插入到原来已有指令的单元，则原来的指令将被覆盖。

图5-5　梯形图编辑指令选项栏

（3）在选择框选中欲删除指令的单元，按下Delete即可在选中的该处删除指令。

4）使用键盘插入图形指令

（1）使用功能键即可从指令栏选择指令。例如，按下F2键即可选择一个常开触点。指令的名称显示在指令栏的右部。

（2）若要选择扩展梯形图选项板的指令，按下Shift键的同时再按F10键则出现选项板，然后选择所需的指令。梯形图编辑器窗口将在指令栏的右部显示所选择指令的名称。

（3）可以在梯形图编辑器窗口里使用方向键（←、→、↑、↓）选择一个单元，然后按下空格键即可插入指令。在另一指令被选中前，此指令仍保持激活状态。若还要将此指令放在别的单元，只需要选中目的单元按下空格键即可。

（4）在选择框选中准备删除指令的单元，按下Delete键即可在选中的该处删除指令。

5）插入位置

可以插入在单元格的任何一栏，除最后一栏以外，插入常开、常闭、上升沿或下降沿触点、插入线圈、定时器或计数器模块、跳转或子程序调用等指令。

从扩展梯形图设置插入特殊指令，扩展梯形图选项板中，含有特殊触点、功能块和特殊线圈插入的步骤为：

（1）从指令栏中选择扩展梯形图指令按钮，或按下Shift加相应的功能键F10即可选中扩展梯形图选项板，如图5-4所示。

（2）选择所需的指令，随后选项板关闭，在指令栏的右部出现所选中的指令名称。

（3）将该指令放置到所需的单元格位置右击鼠标即可，如图5-6所示。

2. 指令列表程序的输入

指令列表编辑器是一种简易的行编辑器，用来书写和编辑指令程序。从视图菜单中选择"首选设置"选项可选中指令列表编辑器。用户可以在在线和离线状态下使用指令列表编辑器。在在线运行状态下，用户只能插入、删除或修改部分指令和使用部分选项。某些指令还可配对使用，例如，指令"BLK"需要指令"END-BLK"搭配。而圆括号指令在同一个扫描内还需要关闭圆括号与其相配对。为了保持有效的扫描，PLC 一次只能接受一个指令行，因此若用户编写的指令过于复杂，则会严重地降低 PLC 的工作性能。所以当 PLC 在在线运行状态下时，用户不能插入、修改或删除某些指令。

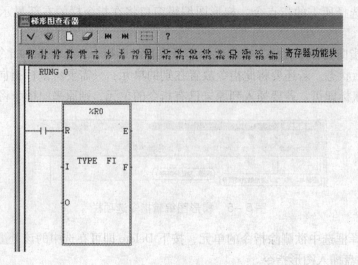

图 5 -6　设置特殊指令

3. 确认程序和转换程序

1）确认程序

确认程序就是编译程序，检查程序中的错误。可以在离线或在线状态下确认程序。有如下选项：

（1）确认程序（离线状态）：在离线状态下，在任何时候、任何编辑器中，都可以从工具菜单中选确认程序来检查和编译程序。

（2）确认程序（在线状态）：在在线状态下，输入的程序行在被送入 PLC 前自动被确认，因此在在线状态下不必运行确认程序，当然也可以运行它。

2）确认错误

显示确认程序所检查到的错误和警告信息。从"视图"菜单中选择"确认错误"，就可以找到该窗口。

3）转换程序

用梯形图形式编写的程序可以转换成指令列表。同样地，指令列表形式的程序，如果按照一定的可逆性规则可以转换成梯级图。

注意：如果指令列表程序是不可逆的，则在"梯形图编辑器"窗口中对应的位置将显示列表指令而不是梯形图。

要从列表编辑器转换为梯形图编辑器，只需从"视图"菜单中选择"梯形图编辑"。可从"视图"菜单中选择"首选设置"来改变显示状态。

要从梯形图编辑器转换为指令列表编辑器，只需从"视图"菜单中选择"指令列表编辑"。

四、指令参数的输入

1. 触点参数的输入

将光标移动到准备输入参数的单元格上,双击鼠标,在显示编辑框并且光标闪动时,即可输入指令参数。

指令参数格式(以 NEZA 系列 PLC 为例):

(1)输入继电器触点:%I0.i(%是标识符,I 表示输入继电器,0 表示本机触点,i 表示触点的编号,范围 0 ~ 11,共 12 个);

(2)输出继电器触点:%Q0.i(%是标识符,Q 表示输出继电器,0 表示本机触点,i 表示触点的编号,范围 0 ~ 7,共 8 个);

(3)内部位触点:%Mi(%是标识符,M 表示内部位继电器,i 表示触点的编号,范围 0 ~ 127,共 128 个);

(4)系统位触点:%Si(%是标识符,S 表示系统位继电器,i 表示触点的编号,范围 0 ~ 127,共 128 个)。

2. 线圈参数的输入

将光标移动到准备输入参数的线圈或模块上,双击鼠标,在显示编辑框并且光标闪动时,或在出现的对话框中输入指令或配置参数。

(1)输出继电器线圈:%Q0.i(%是标识符,Q 表示输出继电器,0 表示本机触点,i 表示触点的编号,范围 0 ~ 7,共 8 个);

(2)内部位触点:%Mi(%是标识符,M 表示内部位继电器,i 表示触点的编号,范围 0 ~ 127,共 128 个);

(3)定时器线圈:%TMi(%是标识符,TM 表示定时器,i 表示触点的编号,范围 0 ~ 31,TON 通电开始计时,TOF 断电开始计时,TP 单稳型脉冲,TB 计时单位,TM 1. P 预设值 0 ~ 9999);

(4)计数器线圈:%Ci(%是标识符,C 表示计数器,i 表示触点的编号,范围 0 ~ 15,%Ci. P 预设值 0 ~ 9999,%Ci. V 当前值,S 设置输入端,R 加计数复位端,CU 加计数运算输入端,CD 减计数运算输入端,E 减计数溢出输出端,D 预设输出端,F 加计数溢出输出端)。

3. LIFO/FIFO 寄存器功能模块参数的输入

在扩展梯形图特殊指令选项板中,选择%Ri,将光标放置在相应的位置,右击鼠标放下模块,然后双击鼠标,在出现的对话框中(如图 5 – 7 所示)配置参数。

图 5 – 7 配置 LIFO/FIFO 寄存器功能模块参数对话框

其中:

%Ri 指寄存器编号,范围 $0 \sim 3$;FIFO 类型是队列式(先进先出型);LIFO 类型是堆栈式(后进先出型);

%Ri.I:寄存器输入字,可读取、测试和写入;

%Ri.O:寄存器输出字,可读取、测试和写入;

I(IN)端:存储输入端,在上升沿处将字%Ri.I 的值存入寄存器;

O(OUT)端:取出输入端,在上升沿处将一个数据字装入字%Ri.O 内;

R(RESET)端:复位输入端。

4. 鼓形控制器功能块%DRi 参数的输入

在扩展梯形图特殊指令选项板中,选择%DRi,将光标放置在相应的位置,右击鼠标放下模块,然后双击鼠标,在出现的对话框中(如图 5-8 所示)配置参数。

其中:

%DRi:指鼓形控制器的编号,范围 $0 \sim 3$,步数值 $1 \sim 8$;

%DRi.S 值:指当前步号,只能以十进制数的格式在程序中写入;

U(UP)端:前进输入端,在上升沿处,使鼓形控制器向前进一步并更新控制位;

F(FULL)端:输出端,表示当前步等于最后一步。

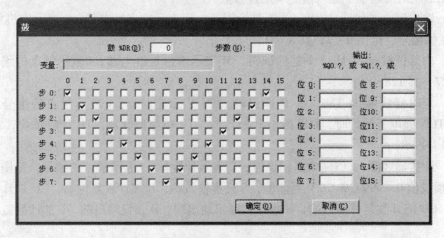

图 5-8 配置鼓形控制器参数对话框

五、连线与连线的删除

1. 输入垂直线

(1)在梯级中插入所需的指令,如多个常开、常闭触点。

(2)指令栏中选择 或按下 F7 键即可选中垂直线。

(3)将光标指向欲放置垂直线的左上方单元格,右击鼠标,则垂直线出现在单元格的右侧下(垂直线的单元紧贴在原来单元格的下面一行)。

(4)删除刚刚画完的垂直线,选择单元格后再次右击鼠标即可。

2. 删除垂直线

（1）从指令栏中选择 ![F8] 或按下 F8 键。

（2）将光标指向垂直线的左上单元格，单击鼠标即可。

3. 水平直线的编辑

（1）从指令栏中选择 ![F6] 或按下 F6 键。

（2）将光标指向准备放置水平直线的 元格，右击鼠标即可。

4. 水平直线的删除

（1）将光标指向准备删除水平直线的单元格。

（2）按下 Delete 键即可在选中的该处删除水平直线。

六、程序的修改

指令列表程序编辑器允许在 PLC 运行时修改指令列表程序。

警告：

不希望出现的设备操作：为了安全起见，建议在停止状态下进行 PLC 编程。然而在运行状下也可进行 PLC 的编程，这样就可以在不需要停止应用程序的状态下修改程序，这些修改由用户操作决定。在修改前，必须满足一些 PLC 运行时编程的条件。首先，必须要知道对应用程序所做的修改的后果，采取必要的措施来确定这些后果。如果不采取预防措施，可能会导致设备损坏，严重的会造成人身伤亡。

在运行模式下修改：在运行模式下修改的过程与在运行状态下编程一样，所做的修改在当前输入得到确认后立即生效。

七、程序的保存

利用 PL707WIN 软件编辑、传输、修改完毕所应用的梯形图程序后，应该将程序归档在类型为 ＊.pl7 文件的文件夹中，存档保管。即在文件菜单中选"保存"或"另存为"项，实现保存。

5.3 程序调试

一、通信参数的配置

1. 扩展端口

使用扩展端口可以定义 PLC 的通信配置，如图 5－9 所示。在配置菜单中选择"扩展端口"，以配置 I/O 扩展链接或配置从站链接。

（1）"扩展"对话框用来检测 I/O 扩展口的通信错误。当 I/O 扩展口不能用于通信时，若需要主 PLC 产生一个错误信号，则选择"是"。当没有接收到从对话框中定义的 PLC 传来的信息时，若不要主 PLC 产生错误信号，则选择"否"。

（2）在"波特率"对话框内指定 PLC 各单元之间的通信速度。环境的电噪声或距离增加时，会降低通信的质量和可靠性。因此，当通信的距离较远或处于嘈杂的环境下时，建议减小通信速度以加大其可靠性。

注意：在同一个网络下，所有的 PLC 需要配置同样的速度。

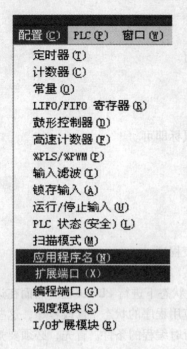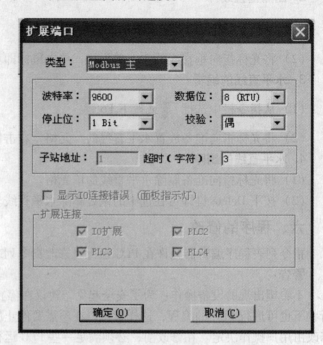

图 5 - 9　扩展端口的配置

2. 编程端口

在编程端口对话框内可以选择 TSX NEZA PLC 的编程端口的协议类型，如图 5 - 10 所示。

（1）ASCII 模式：可以将 TSX NEZA 的终端配置成 ASCII 模式。

（2）Uni-telway Slave 从模式：可以将 TSX NEZA 的终端配置成 Uni-telway Slave 从模式。

（3）Uni-telway Master 主模式：该模式是固定的，仅能配置超时值（30 ~ 255）。要在 "Uni-telway Master" 模式下配置超时，只要在 "Uni-telway 超时" 域内修改其值即可。

（4）Modbus Slave 从模式：可以将 TSX NEZA 配置成 Modbus Slave 模式。此模式下所有对话框参数含义和 Uni-telway Slave 模式下相同。

（5）Modbus 主模式：可以将 TSX NEZA 配置成 Modbus Master 模式。此模式除了不能配置 "Modbus/Uni-telway Slave 基地址" 的值以外，其他对话框与 Modbus Slave 模式相同。

二、传送应用程序

1. 概述

PL707WIN 软件提供了两种方法来保护调试中的应用程序。

（1）完全读写保护。此选项尤其禁止复制程序，以保证程序员的专利不受侵犯。它在应用程序送到 PLC 内存时执行。

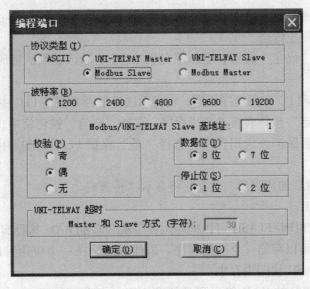

图 5-10 编程端口的设置

（2）写保护。允许显示应用程序，改变一些选项，采用密码保护。

2. 传送应用程序

在 PLC 菜单中选"传送"，就可以把应用程序复制到三个硬件存储区中的一个：

PC→RAM（随机访问存储器）；

PC→ROM；

PLC→FLASH（快闪内存），PLC 的次级或后备存储区。

PLC 菜单中的"传送"选项有四个次级菜单进项：

1）PLC→PC（上载程序到计算机）

（1）如果从初始状态开始没有打开任何应用程序，选 PLC→PC 把应用程序从 PLC 的 RAM 上传到 PC 的 RAM 中，则刚刚传送的应用程序将成为当前应用程序。在应用程序的标题栏显示"默认"。

（2）若是从离线状态开始，并且有一个打开的应用程序，选 PLC→PC 把应用程序从 PLC 的 RAM 上传到 PC 的 RAM 中，则刚刚传送的 PLC 应用程序将覆盖 PC 内存中原有的程序和配置，但是保留变量不变。如果应用程序有密码保护，建议改变安全级后再做传送。

选"确定"显示安全对话框。在输入框中输入正确的密码，然后选择"确定"，应用程序将以管理员级显示。选择"取消"，应用程序将以操作员级显示。

2）PC→PLC（把 PC 上的当前应用程序下载到 PLC）

把应用程序从 PC 的 RAM 传递到 PLC 的 RAM 的步骤如下：

（1）打开应用程序（.pl7）或二进制程序（.app）。

（2）在"传送"菜单中选择"PC→PLC"。

（3）如果应用程序和 PLC 版本不同，会显示"应用程序和 PLC 的版本不同"信息，选择"确定"按钮继续传送，选择"取消"按钮来改变 PLC 的版本。

（4）如果 PLC 中的应用程户包含密码，提示用户确认传送应用程序。

（5）如果知道密码，选择"确定"按钮来传送受保护的应用程序；如果不知道密码，选择"取消"按钮终止传送。

（6）如果选择"确定"按钮，会出现安全对话框。输入正确的密码，再选择"确定"按钮。

（7）如果 PLC 和 PC 应用程序不同，将提示选择是否要覆盖 PLC 中的应用程序。

（8）选择"确定"按钮将覆盖应用程序，选择"取消"按钮将中止传送过程。

（9）将提示是否保护该应用程序。选择"是"保护 PLC 中的应用程序，选择"否"不保护该理序。

（10）完成到 PLC 的传送后，状态栏将显示"传送成功"。

3）PLC→FLASH

选择 PLC→EEPROM/FLASH 可以把应用程序从 PLC 的 RAM 拷贝到 PLC 的 FLASH 中。PLC 的 FLASH 可以存储一个应用程序。最佳做法是在一个应用程序刚刚被调试完毕时，把它传送到 FLASH 快闪内存中。

把应用程序从 PLC 的 RAM 传到 PLC 的 FLASH 中的步骤如下：

（1）在"传送"次级菜单中选择"PLC→EEPROM/FLASH"。

PLC→EEPROM/FLASH 对话框有两个选项：

"被保护"选项用来保护 PLC 中的应用程序，除非在 PC→PLC 传送阶段已经选择了该项。在 PLC 保护状态下，进行将出现错误消息，警告你不能将应用程序拷贝或写入 FLASH 中，因为不允许读和写。

Master 选项用来把 FLASH 中的应用程序设为主应用程序，也就是说，每次接通电源时，PLC 比较正在 RAM 中的程序和在 FLASH 中的程序，如果不同，在 FLASH 中的程序就被复制到 PLC 的 RAM 中，并且 PLC 设置为运行状态（除非应用程序中的 RUN/STOP 输入配置为停止）。

修改一个主应用程序的步骤如下：

①把程序恢复到 PLC 或 PC 的 RAM。

②修改应用程序并确认所做的修改。

③把应用程序传送回 FLASH，可以选 Master 选项。

（2）在应用程序从 PLC 的 RAM 传至 FLASH 后，状态栏会出现"传送成功"消息。

4）FLASH→PLC

选择 EEPRON/FLASH→PLC 可以把 FLASH 中备份的应用程序传送到 PLC 的 RAM 中。在应用程序传送后，状态栏会显示"传送成功"消息。

三、应用程序的监控方式

1. 用户程序的动态显示

动态显示程序使用户能够在程序在线的状态下，观察 PLC 程序运行中各变量值的变化，有利于程序的调试。

1）动态显示梯形图程序

显示梯形图查看器窗口，并且程序在线（运行或停止）的情况下：

（1）在"PLC"菜单中选择"切换动态显示"。

（2）显示梯形图查看器窗口（如图5－11所示）有以下内容：

①标题栏显示"动态显示"。

②高亮显示逻辑值为1的触点、线圈和特殊对象。

③显示功能块、比较块、操作块的数据变量。包含当前值与预设值。数值用十六进制或十进制显示（由"首选设置"对话框中的设置决定），而不是用二进制表示。

（3）当"梯形图查看器"窗口动态显示时，从"PLC"菜单选择"切换动态显示"，就可以关闭动态显示。

2）动态显示指令列表程序

显示指令列表编辑器，并且程序在线（运行或中止）的情况下：

（1）在"PLC"菜单中选择"切换动态显示"。

（2）指令列表编辑器窗口的行号的右边有一个附加栏，该栏中是所在行的操作数。如果某命令行不止一个操作数，操作数的值之间会用斜线分开，同时在标题栏显示"动态显示"。

二进制操作数以1或0表示，字操作数以十进制或十六进制数表示（由对话框中的设置决定）。

以下值不能动态显示，用星号表示：

- 标号（% Li）；
- 子程序（SRn）；
- 不带操作数的指令 NOT，NOP，END；
- 立即数；
- 索引字；
- 字抽取位；
- 字符表；
- 位串，如% M0：5。

强置的位由一个标记"f"表示，与强置状态0或1配对。一个强置为1的操作位用"f1"表示，一个强置为0的操作位由"f0"表示。

（3）当指令列表编辑器窗口已经动态显示时，从"PLC"菜单选择"切换动态显示"可以关闭动态显示。

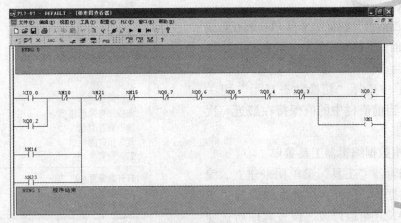

图5－11　梯形图方式下的动态显示

2. 程序运行数据的监控

1）使用数据编辑器

PL707WIN 编程软件在编写程序时采用变量表。数据编辑器是用于在调试程序时查看和修改这些变量的。另外，数据编辑器还可用来强置输入/输出位。

在数据编辑器窗口中，用户可以定义一个想要查看和储存的 PLC 变量表，这个列表称为数据通页。

要显示数据编辑器窗口，可在"视图"菜单中选择"数据编辑"。

下面给出数据编辑器每栏的含义：

（1）地址：是内存中的特定地址，通常在它的前面用一个百分号（%）表示。

（2）当前值：PLC 中变量的当前值。该值随程序运行而改变。在在线状态下，可以动态显示数据，查看程序运行中当前值的变化。

（3）暂存值：该值是初始值。当执行写入指令时，该值写入 PLC。

（4）变量：变量编辑器中分配给地址的名字，以区分变量的用途。

2）动态显示数据页

动态显示数据页可以在 PLC 程序运行时显示，并更新数据页的当前值栏中的数值（如图5-12 所示）。

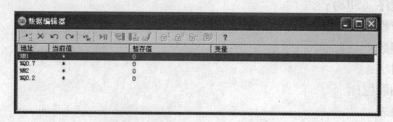

图5-12 运行参数的动态显示

（1）数据页第一次动态显示前，当前值一栏中是星号。

（2）在 PLC 在线（运行或停止）的情况下，在"PLC"菜单中选择"切换动态显示"可以激活数据页。

（3）"当前值"栏显示来自 PLC 列在数据页地址的当前值。标题栏显示"动态显示"。

（4）当数据页是动态显示时，在"PLC"菜单中选择"切换动态显示"可关闭该功能。当前值栏中的值保持在最近一次更新后的值。

3）使用数据编辑器工具菜单

数据编辑器"工具"菜单用来建立、编辑、存储数据页。另外，在数据编辑器"工具"菜单中，还可以修改、设置程序所选变量值，如图5-13 所示。

图5-13 数据编辑器状态下的"工具"菜单

（1）在数据页编辑一个数据变量。

显示数据页，选择要编辑的数据变量所在行，按下 Enter 键或双击鼠标，将出现"数据对象编辑"对话框，如图 5 - 14 所示。

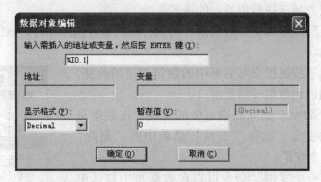

图 5 - 14 "数据对象编辑"对话框

①"地址"和"变量"域显示要编辑的数据变量的地址和变量名。变量必须有分配的地址，但地址不一定要分配变量。

②在"显示格式"域选择数据格式，以决定数据页中的数据显示方式。

范围：十进制、十六进制、二进制、ASCII 码；默认设置为十进制。

③在"暂存值"域输入变量的初值。当执行写入暂存值操作时，该值会与数据值中所有其他的初值一起写入 PLC。

④选择"确定"按钮确认提交对话框中的数据变量的改变，选择"取消"按钮回到数据编辑器窗口，不改变任何变量值。

（2）用确认程序来编译程序、检查错误。

（3）使用"插入"命令在数据页中加入变量。

①在数据编辑器窗口中选择"工具"菜单中的"插入"命令，出现"数据对象编辑"对话框，如图 5 - 15 所示。

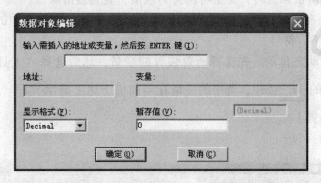

图 5 - 15 插入监控数据的地址或变量名

②在"输入需插入的地址或变量，然后按 ENTER 键"对话框中输入要加入的地址或变量名。

变量名必须在数据页的变量表中有对应的值。如果加入的变量在变量数据表中不存在，会出现错误消息"无效或未定义的变量或地址"，选择"确定"按钮回到"数据对象编辑"对话框。

③"地址"和"变量"域显示第二步中输入的地址对应的变量，或输入的变量对应的地址。变量必然有对应的地址，而地址不一定有对应的变量。

④"显示格式"域选择数值显示的格式。

⑤在"暂存值"域输入变址的初值。当执行写入暂存值操作时，该值会与其他的初值一起写入PLC。

⑥选择"确定"按钮提交对话框中的数据变量的改变，选择"取消"按钮回到数据编辑器窗口。

⑦用"删除"命令来删除数据页中的变量。在数据页中，选中要删除的变量，选择"工具"菜单中的"删除"命令，就删除了这个变量。

⑧用"添加下一个实例"命令可以在数据页中被选中的变量的下一个实例。显示数据页，选中与要添加的变量同类型的变量。选择"工具"菜单中"添加下一个实例"命令，如图5-16所示，就加入了同一类型的新变量，它使用下一个序号。例如%I0.3被选中时，选择"添加下一个实例"命令则加入变量%I0.4。

⑨用"添加上一个实例"可以在数据页中被选中的变量前加入的前一个实例。显示数据页，选中与要添加的变量同类型的变量。选择"工具"菜单中的"添加上一个实例"，就加入了同一类型的新变量，它使用上一个序号。

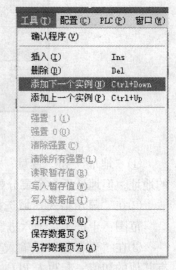

图5-16　添加下一个实例

四、强迫置位与复位图

1. 强置1

使用"强置1"命令，可以设置一个输入或输出位为1。尽管计算值与强制值可能不同，当一个变量的值被强置时，变量将保持为该值，直到被清除。

强置1在PLC在线时有效，不管PLC是运行还是中止。数据页中的当前值栏在强置值的前面有一个"F"符号。

显示数据页并动态显示。先选择所要强置的变量，然后选择"工具"菜单中的"强置1"或工具栏中的 按钮，选中的变量在当前值1边上显示"F"。例如，图5-17显示输入%I0.0被强置1。

2. 强置0

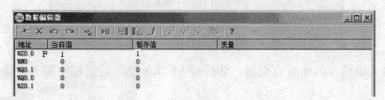

图5-17　强置%I0.0为1

使用"强置 0"可以把一个输入、输出位设置为 0，尽管计算值可能不同。

当一个变量的值被强置时，变量将保持为该值，直到清除设置。PC 与 PLC 断开连接用户，退出 PL707WIN 编程软件。

强置 0 在 PLC 在线时有效，不管 PLC 是运行还是中止。数据页中的当前值栏在强置值的前面有一个"F"符号。

显示数据页并动态显示。先选择所要强置的变量，然后选择"工具"菜单中的"强置 0"或按工具栏中的 按钮。选中的变量在当前值 0 旁边显示"F"。

3. 清除强置

应用"清除强置"来除去数据页中变量的强置值，在 PLC 在线时清除强制命令有效，不管 PLC 是运行还是中止。

（1）数据页显示并动态显示。选择"工具"菜单中的"清除强置"或工具栏按钮 ，除去被选中的变量的强置值。

（2）数据编辑器窗口显示除去强置值的变量。

4. 清除所有强置

使用"清除所有强置"可以清除该数据页之中的所有强置值，它在 PLC 在线时有效，不管 PLC 是运行还是停止。

（1）显示数据页动态显示。选择"工具"菜单中的"清除所有强置"或按工具栏按钮 ，除去整个数据页的所有强置值。

（2）数据编辑器窗口显示清除了强置值的数据页。

五、数据参数修改

1. 读取暂存值

使用"读取暂存值"命令可以把当前值从 PLC 传到数据页的暂存值。当 PLC 在线时有效，不管 PLC 是运行还是停止。显示数据页并动态显示，选择"工具"菜单中的"读取暂存值"或按工具栏按钮 ，把当前值栏中的值传到暂存值栏。

2. 写入暂存值

使用"写入暂存值"命令把暂存值传到当前值。它在 PLC 在线时有效，不管是运行还是中止。显示数据页并动态显示，选择"工具"菜单中的"写入暂存值"或按工具栏按钮 ，把暂存值传到当前值。

3. 写入数据值

使用"写入数据值"命令来即刻发送、写入一个数据值至 PLC，当 PLC 在线时有效。写入数据值是从数据编辑器窗口中获得的。

（1）打开数据编辑器窗口，选择"工具"菜单中的"写入暂存值"，显示"写入数据值"对话框，如图 5－18 所示。

（2）在数据对象域输入数据变量。

（3）当前值域显示所选变量的当前值。

（4）选择数据显示格式，该格式只对写入数据值对话框有效。

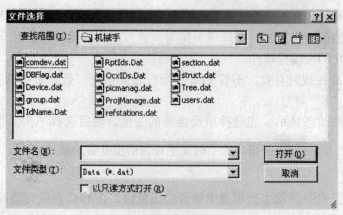

图 5－18　打开数据文件选择

（5）在写入数据值域输入想要写入的该 PLC 变量的值。

（6）选择"确定"按钮把值写入 PLC，或选择"取消"按钮回到数据编辑器窗口而不写入 PLC。

4. 打开数据页

使用"打开数据页"命令可打开以前存储的数据页。

（1）在数据编辑器窗口中选择"工具"菜单中的"打开数据页"，出现"文件选项"对话框。

（2）在"文件"域打开列表选择框，选择".dat"文件类型或所有文件类型（＊.＊）。

（3）在"搜寻"右侧的下拉列表中选择数据文件所在的驱动器和所在的目录。

（4）从中间的文件列表中选择要打开的文件，或者直接在"文件名"编辑框中输入要打开的文件名。

（5）选择"打开"按钮打开数据文件，选择"取消"按钮回到数据编辑器窗口。

5. 存储数据页

在对数据页进行修改后，选择"工具"菜单中的"保存数据页"来保存这种改变。

6. 另存数据页为

使用"另存数据页为"命令可以把数据另存为一个新文件。如果输入的文件名与在该路径下的已存在的文件同名，会出现错误消息"选择的文件已经存在，是否覆盖?"，选择"确定"按钮覆盖原来文件，选择"取消"按钮回到文件保存对话框。

5.4　运行应用程序

一、PLC 地址

为了直接与 TSX Neza 进行 UNI－TELWAY Slave 通信，PL707WIN 软件允许定义目标地址。选择了地址后，在 PLC 菜单中选择所需的动作（传送、连接、PLC 操作）。

默认的地址是系统地址 0.254.0，如图 5－19 所示。

用户输入准备连接的 PLC 地址时，应使用下面的格式：

Network. Station.

Gate. Rack/Module. Slave 地址：

Network 是使目标地址可以到达的网络数（0～127）。默认值为0。

Station 是网络中的站数（0－254）。默认值为254。

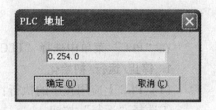

图5－19　PLC 的地址

Gate 使选定的站中通信单元可被选择。0 是站系统的门限（它的 UNITE 服务器），5 是与远端 PLC 通信的门限。默认值为0（在这种情况下，不必填完所有的其他域）。

Rack/Module 用在门限值为5时。它与 UNI-TELWAY Master 模块的物理状态对应。默认值为254，意味着 TSX Neza 作为 PL707WIN 与同一个 UNI-TELWAY 总线连接（如 PCM-CIA）。0 值表明另一个 UNI-TELWAY 总线（如 PCMCIA）。

Slave address 是在 UNI-TELWAY 总线上的 TSX Neza PLC 的地址。本地模式的默认值是4，远端模式的默认值是104。

为方便用户，有三个可以直接输入的关键词：

（1）SYS 代表系统地址 0.254.0。

（2）LOC 表示本地地址 0.254.5.254.4。其中从地址4如果与目标 PLC 地址不符，应该更改。

（3）REM 是远端地址 0.254.5.0.104。Rack/Module 和 Slave 地址必须与目标 TSX Neza 地址相符。

单击"确定"按钮，确定输入的数值，单击"取消"退出，并且不改变地址的值。

二、连接

要连接 PC 和 PLC，从"PLC"菜单中选择"连接"命令，可以启动 PC 和 PLC 之间的通信。

（1）如果 PC 和 PLC 中的应用程序是一样的，并且 PLC 中的应用程序没有保护，则 PC 连接到 PLC 时应用程序的状态由离线变为在线。

（2）如果 PLC 中的应用程序受保护，会提示是否选择监视 PLC。选择"确定"则监视，选择"取消"按钮则结束连接过程，回到最初状态。

（3）如果 PC 和 PLC 中的应用程序是不一样的，并且 PLC 中的应用程序没有保护，则会出现"连接到 PLC"对话框。选项有：

①选 PLC→PC：把 PLC 中的应用程序传送到 PC。应用程序的状态从离线变为在线。

②选 PC→PLC：把在 PC 上打开的应用程序传送到 PLC。出现一个信息框，提醒用户将覆盖 PLC 应用程序。选择"确定"按钮继续传送，选择"取消"则取消传送。如果选择"确定"，则传送完毕 PC 连接到 PLC，应用程序状态从离线变为在线。

如果仅想存取程序的数据页，而不修改程序、配置或变量，那么就选择"监控"命令。程序状态从离线变为监控。选择"取消"，结束连接过程，回到离线状态。

三、停止/运行/初始化

在不宜显示 PLC 操作对话框的情况下可以从 PLC 菜单直接选择"运行"、"停止"或"初始化"来运行、停止或初始化 PLC。在命令执行前还会出现一个确认对话框。

四、PLC 操作

在"PLC"菜单中选择"PLC操作"，会显示"PLC操作"对话框。

1. 停止/运行/初始化

（1）PLC 上应用程序的执行：

①选择"运行"按钮。

②将出现警告信息，提示用户确认执行 PLC 上的应用程序。选"确定"按钮运行 PLC，选择"取消"回到"PLC操作"对话框，不改变 PLC 状态。

（2）中止 PLC 上应用程序的执行：

①选择"停止"按钮。

②将出现警告信息，提示用户确认停止执行 PLC 上的应用程序。选择"确定"按钮停止 PLC，选择"取消"回到"PLC操作"对话框，不改变 PLC 状态。

（3）PLC 的初始化：

①选择"初始化"命令来初始化 PLC 的 RAM，将所有内在变量复位。

②选择"初始化"按钮。出现提示信息，要求确认初始化 PLC。选择"确定"按钮开始启动 PLC。选择"取消"回到"PLC操作"对话框，不改变状态。

2. 设置时间

设定 PLC 实时时钟：

①在"PLC操作"对话框中选择"设置时间"按钮。

②在 PLC 日期对话框中输入当前日期，格式为月/日/年。

③在 PLC 时间对话框中输入当前时间，格式为时：分：秒。例如，中午十二时为 12:00:00，2:15PM 为 14:15:00，午夜为 00:00:00。

选择"确认"按钮来更新 PLC 的日期和时间。选择"取消"按钮回到"PLC操作"对话框。

3. 高级

选"高级"按钮显示 PLC 只读系统信息，用户可以查看但不能更改这些信息。利用这条信息，可以检查 PLC RAM 和 FLASH 的状态，诊断问题。

第 六 章

组态王软件

6.1 组态王软件简介

随着工业自动化水平的不断提高，以及大量控制设备和过程监控装置之间通信的需要，监控和数据采集系统越来越受用户的重视，从而导致了组态软件的大量使用。组态王软件是北京亚控科技发展有限公司开发的一种组态软件，是在普遍使用的微型计算机（PC 机）上建立工业控制对象人机接口的一种智能软件包。组态王软件可以方便地构造适应生产现场需要的数据采集系统，在需要的时候把生产现场的信息实时地传送到控制室，保证信息在全厂范围内畅通。管理人员不需要深入生产现场，利用组态王软件的网络功能，就可以与企业的基层（车间、现场）和其他技术、调度、管理等部门建立起联系，现场操作人员和企业各部门的管理人员就可以获得实时和历史数据并整理成标准的图形或报表，从而优化控制现场作业，提高生产率和产品质量。又因为组态王软件易于学习和使用，软件内拥有丰富的工具箱、图库和操作向导，可以节省大量的应用软件开发时间，因而受到现场使用者、应用软件开发者的欢迎。

组态王软件可用于电力、制冷、化工、机械制造、交通管理等工程领域，其主要功能如下：

（1）使用清晰准确的画面描述工业控制现场。

（2）使用图形化的控制按钮实现单任务和多任务。

（3）设计复杂的动画显示现场的操作状态和数据。

（4）显示生产过程的文字信息和图形信息。

（5）为任何现场画面指定键盘命令。

（6）监控和记录所有报警信息。

（7）设计多级安全控制和访问权限。

组态王软件配置要求：Windows 98/ Windows 2000/ Windows NT4.0 及以上中文操作系统。

6.2 组态王软件的组成

组态王软件包由工程管理器（ProjManager）、工程浏览器（TouchExplorer）和画面运行系统（TouchVew）三部分组成。

工程管理器用于新建工程、工程管理等，工程浏览器内嵌画面开发系统，即组态王开发系统。工程浏览器和画面运行系统是各自独立的 Windows 应用程序，均可单独使用。两者又相互依存，在工程浏览器的画面开发系统中设计开发的画面应用程序必须在画面运行系统环境中才能运行。

一、工程管理器

组态王工程管理器就是为用户集中管理本台计算机上所有的组态王工程。工程管理器的主要功能包括：新建、删除工程，对工程重命名，搜索指定路径下的所有组态王工程，修改工程属性，工程的备份、恢复，数据词典的导入导出，切换到组态王开发或运行环境等。另外，组态王6.0开发系统提供工程加密，画面和命令语言导入导出功能。"组态王工程管理器"界面如图6-1所示。

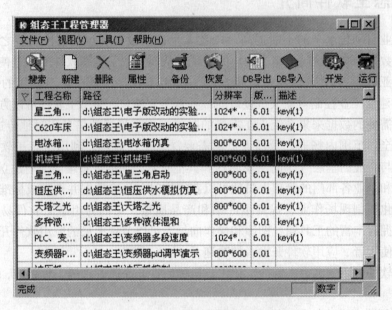

图6-1 "组态王工程管理器"界面

"组态王工程管理器"界面工具栏按钮功能如下：

搜索：搜索指定目录下的组态王所有版本的工程。

新建：新建立一个组态王工程。该命令不是真正建立一个组态王工程，只是建立了工程信息，只有启动了组态王开发系统后，才能建立工程。

删除：将所有的工程文件和工程信息全部删除，不可恢复。

属性：定义工程的描述信息。

备份：将选定的工程进行压缩备份。

恢复：将备份的工程进行恢复，在备份后新产生的工程信息将被删除。

DB 导出：将选定工程的数据词典导出到 EXCEL 格式的文件中，供用户修改、定义变量。

DB 导入：将 EXCEL 格式的文件中定义的数据词典导入到当前工程中。

开发：切换到或进入组态王开发系统。

运行：如果当前选中的工程已经真正建立了组态王工程，则可以切换到（或进入到）组态王的运行系统。

二、工程浏览器

工程浏览器是组态王软件的核心部分，它具有管理开发系统的功能，并内嵌组态王画面开发系统。它将画面制作系统中的图形画面、命令语言、设备驱动管理、配方管理、系统配置（包括开发系统配置、运行系统配置、报警配置、历史数据记录、网络配置、打印和用户配置等）、数据报表等工程资源进行了集中管理，并在一个窗口中进行树形结构的排列，其界面与 Windows 操作系统的资源管理器非常接近，如图 6-2 所示。

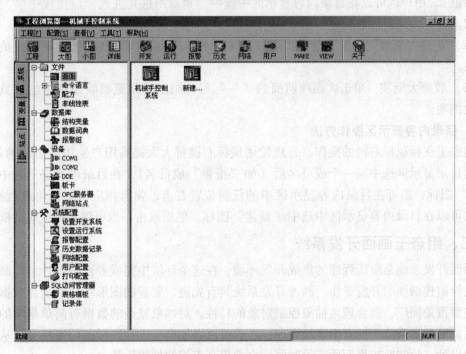

图 6-2　组态王工程浏览器

1. 界面上树形结构中的主要工作

（1）画面制作与管理：用于构造工业控制现场的画面。组态王提供多种色调色板和绘图工具、十几个常用图库和多达几百种组件。此外，组态王还提供多达 21 种动画连接，使构造丰富多彩、生动逼真的监控画面变得便捷迅速。

（2）命令语言：组态王允许用户定义类似 C 语言的命令语言来驱动应用程序，提供了五种命令语言，极大地增强了应用程序的灵活性。

（3）数据库：组态王包含实时数据库，支持多种内存变量类型和 I/O 变量类型，支持报警窗口变量、报警组变量、历史趋势曲线变量和时间变量。

（4）设备：组态王支持多种硬件设备，包括 PLC、智能仪表、智能模块、板卡、变频器和现场总线。与硬件设备的通信采用最新的 COM 技术、多线程多任务技术，确保实时性。

（5）配置：用户可在组态王中对系统进行灵活有效的配置，适应于不同的应用场合。可配置的对象包括主画面配置、历史数据记录配置、报警配置、用户配置、网络配置、开发和运行系统外观配置等。

组态王的工程浏览器由 Tab 标签条、菜单栏、工具条、工程目录显示区、目录内容显示区和状态条组成，工程目录显示区以树形结构图显示大纲项节点，用户可以扩展或收缩工程浏览器中所列的大纲项。

2. 工程目录显示区操作方法

（1）打开或运行成员程序：双击大纲项，则工程浏览器扩展该项的成员并显示出来。选中某一个成员名后（如"应用程序命令语言"成员名），在目录内容显示区中显示"请双击这儿进入'应用程…'"图标，则可双击该成员名，打开或运行成员程序（即弹出相应对话框）。用户也可以在目录内容显示区中选中"请双击这儿进入'应用程…'"图标，然后双击打开或运行成员程序。

（2）扩展大纲项：单击大纲项前面的"＋"号，则工程浏览器扩展该项的成员并显示出来。

（3）收缩大纲项：单击大纲项前面的"－"号，则工程浏览器收缩该项的成员并只显示大纲项。

3. 目录内容显示区操作方法

组态王支持鼠标右键的操作，合理使用鼠标右键将大大提高用户使用组态王的效率。在工程目录显示区选中某一个成员名后（如"报告"成员名），在目录内容显示区中显示"新建"图标，则可在目录内容显示区中的任何位置右击，弹出相应快捷菜单进行操作。用户也可以在目录内容显示区中选中"新建"图标，然后双击，也可弹出相应对话框。

三、组态王画面开发系统

画面开发系统是应用程序的集成开发环境，在这个环境中完成界面的设计、动画连接的定义等监控画面的开发工作。画面开发系统具有先进、完善的图形生成功能，数据库中数据类型覆盖面广，能合理地抽象控制对象的特性，对抽象复杂的数据有简单易学的操作办法。画面开发系统中拥有丰富的图库，还有可以添加自己设计图样的图库精灵，从而大大减少设计、绘制监控界面所需的时间，全面提高工控软件的质量。

1. 由工程浏览器界面进入画面开发系统的操作方法

（1）在工程浏览器的上方图标快捷菜单中用单击"MAKE"图标。

（2）在工程浏览器左边窗口用选中"文件"下的"画面"，则在工程浏览器右边窗口显示"新建"图标和已有的画面文件图标，双击"新建"图标或画面文件图标，则进入组态王开发系统。

（3）在工程浏览器左边窗口用选中"文件"下的"画面"，然后在工程浏览器右边窗口右击，弹出浮动式菜单：选择菜单命令"切换到 Make"，则进入组态王开发系统。若打开已有的画面文件，则启动工程浏览器内嵌的画面开发系统。

确定工程路径后，就可以为每个应用程序建立数目不限的画面。组态王为用户提供了矩形（圆角矩形）、直线、椭圆（圆）、扇形（圆弧）、点位图、多边形（多边线）、文本等基本图形对象。提供了对图形对象在窗口内进行任意移动、缩放、改变形状、复制、删除、对齐等的编辑操作，全面支持键盘、鼠标绘图，并可提供对图形对象的颜色、线型、填充属性进行改变的操作工具。

组态王采用面向对象的编程技术，使用户可以方便地建立画面的图形界面。用户构图时可以像搭积木那样利用系统提供的图形对象完成画面的生成。同时支持画面之间的图形对象拷贝，可重复使用以前的开发结果。

2. 组态王画面开发系统的菜单命令

（1）"文件"菜单：用于画面管理及维护、退出画面制作系统。

"文件"菜单各项命令作用如下：建立新画面、打开/关闭新画面、保存新画面、删除所选画面、切换到 View 直接进入画面运行系统、切换到 Explorer（工程管理器）、退出组态王画面开发系统等。

（2）"编辑"菜单："编辑"菜单中有一组用于编辑图形对象的命令。为了使用这些命令，应首先选中要编辑的图形对象（对象周围出现 8 个小矩形），然后选择"编辑"菜单中合适的命令。菜单条为灰色表示此命令对当前图形对象无效。

"编辑"菜单各项命令作用如下：取消以前执行过的命令、重做恢复取消的命令、剪切、拷贝、粘贴、删除、将当前选中的一个或多个图形对象直接在画面上进行复制、粘贴点位（如 bmp，jpg，jpeg，png，gif 等格式的图片）、动画连接、插入控件。

（3）"排列"菜单："排列"菜单由一系列调整画面中图形对象排列方式的命令组合。

（4）"工具"菜单：画面制作时用到的各种图形对象命令的组合。

"工具"菜单提供了矩形（圆角矩形）、直线、椭圆（圆）、扇形（圆弧）、点位图、多边形（多边线）、文本等基本图素，以及按钮等图形对象（图素），从"工具"菜单可以激活、选取、绘制、填充图素、属性设置、控件设置、定义命令语言等，实现画面开发绘制的要求。

（5）"图库"菜单：是用户利用系统预先建立好的十几个图形库、几百个元件的组合图形对象来组建监控画面、构建动画连接的元件库和操作集合。

图库中包括控制按钮、指示表、阀门、电机、泵、管路和其他标准工业元件。用户可以利用菜单中的操作命令，从图库中取出元件加到自己的应用程序中，可按照需要的大小缩放且不会失真。菜单中还包含动画连接，可以方便地对画面的某个对象设置动画效果。菜单中可以创建自己的图库单元，加入到已有的图库中，或者把不再需要的图库单元从图库中删除。"图库管理器"界面如图 6-3 所示。

"图库"菜单项的菜单命令包括打开图库、创建图库精灵、转换成普通图素、生成精灵描述文本和加载用户精灵文件。

（6）"画面"菜单：列表显示已制作完成的画面，并可激活任何一幅画面。

（7）"帮助"菜单：提供组态王软件的在线帮助系统。

四、组态王画面运行系统（TouchVew）

TouchVew 是组态王软件的实时运行环境，用于完成系统的运行工作，显示画面开发系统中建立的动画图形画面，并负责数据库与 I/O 服务程序（数据采集组件）的数据交换。它通过实时数据库管理从一组工业控制对象采集到的各种数据，并把数据的变化用动画的方式形象地表示出来，同时完成报警、历史记录、趋势曲线等监视功能，它是工业现场监控和数据采集系统的最终形式。

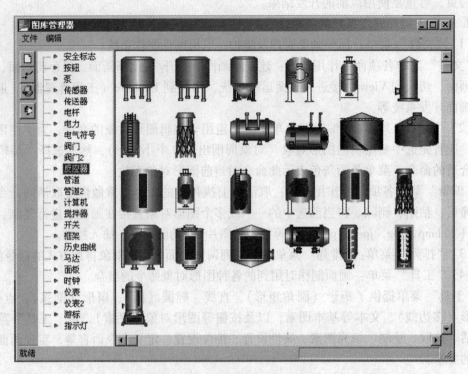

图6-3 "图库管理器"界面

启动组态王的画面运行系统TouchVew，画面运行系统完成系统的运行工作。画面运行系统可以显示画面制作系统中构造的工业现场的画面、实时更新数据库中变量的数值、根据变量取值的变化完成动画效果。

画面运行系统命令菜单各项作用如下：

①画面菜单：打开、关闭、打印设置、屏幕拷贝、退出。

②特殊菜单：重新建立DDE连接、开始/停止执行后台任务、登录开、修改口令、登录关。

③调试菜单：用于给出组态王与I/O设备通信时的调试信息，包括通信信息、读成功、读失败、写成功、写失败。当用户需要了解通信信息时，选择"通信信息项"，此时该项前面有一个符号"√"，表示该选项有效，则组态王与I/O设备通信时会给出通信信息。

6.3 组态王软件对工业现场数据监控系统的建立

一、组态王软件监控系统的基本概念

1. 应用程序项目

在组态王软件中，为工业现场所开发的每一个应用系统称为一个应用程序项目，每个项目必须在一个独立的目录中，不同的项目不能共用一个目录。项目目录也称为工程路径。在每个工程路径中，组态王为此项目生成了一些重要的数据文件，这些文件是不能被

修改的。

2. 图形画面

用于模拟实际工业现场及各种工控设备的画面。

3. 数据库

通过定义一些数据，反映工控对象的各种属性，如管道流量、气体温度、高压水的压力等，类似于高级语言中变量的集合概念。

4. 动画连接

建立数据库中的数据、变量与图形画面中的图素之间的连接关系，从而使上位机监控画面中的图素，能根据工业现场实际数据的变化来产生动画显示的效果，这就是动画连接。只有建立了动画连接，才能将数据库中的变量信息反映到图形画面中来，或者从图形画面控制这些变量。

二、监控系统应用程序项目的设计方针

建立应用程序项目的一般过程如下：

1. 制作图形画面

每个组态监控应用程序可以建立数目不限的画面，用来描述不同的设备工作状态，在每个画面上生成互相关联的静态或动态图形对象。组态王提供类型丰富的绘图工具，还提供按钮、实时趋势曲线、历史趋势曲线、报警窗口等复杂的图形对象，供设计者使用抽象的（或尽量形象的）图形画面来模拟实际的工业现场和相应的工控设备。

组态王采用面向对象的编程技术，用户可以方便地建立画面的图形界面。用户构图时可以像搭积木那样利用系统提供的图形对象生成画面。

2. 构造数据库

数据库是组态王软件的核心部分，在 TouchVew 运行时，它含有全部数据变量的当前值。变量在画面开发系统中定义，定义时要指定变量名和变量类型，要切实反映被监控对象的各种属性，如温度、压力等。特殊类型的变量还需要一些附加信息。

3. 定义动画连接

动画连接是指在画面的图形对象与数据库的数据变量之间建立一种关系，当现场被监控变量的值改变时，在上位机监控的画面上，应该以图形对象的动画效果表示出来，或者由软件使用者通过图形对象改变数据变量的值。

定义动画连接，就是画面上的图素以怎样的动画来模拟现场设备的实际运行状态，以及怎样让操作者输入控制设备的指令。

组态王提供了 21 种动画连接方式。一个图形对象可以同时定义多个连接，组合成复杂的效果，以便满足实际应用中任意动画显示的需要。

4. 运行和调试

在组态王软件的实时运行环境 TouchVew 中，运行和调试在画面制作系统中建立的动画图形画面。

三、建立监控系统应用程序项目的步骤

建立一个新的应用程序，一般包括以下几个步骤：

（1）启动组态王工程管理器，单击"新建"按钮，在随后出现的"新建工程向导"

中单击"下一步"按钮，输入工程项目所在的目录，再单击"下一步"按钮，输入工程名称和工程描述，再单击"完成"按钮，此时在工程管理器中显示所建立的工程项目。

（2）双击新建立的工程项目，则进入了工程浏览器。

（3）进行设备配置。在组态王工程浏览器的工程目录显示区，单击"设备"大纲项下相应设备成员名，然后在工程浏览器目录显示区内双击"新建"图标，则出现"设备配置向导"窗口，在此窗口中完成与组态王进行数据通信的设备配置工作。

（4）构造数据库。数据库是组态王软件的核心部分，建立在数据库中的各种变量负责与各种外部设备进行数据交换，以及完成相关数据的存储。在工程浏览器中单击"数据库"大纲项下的"数据词典"成员名，然后在右边的目录内容显示区中双击"新建"图标，则弹出"定义变量"对话框，在此对话框中输入变量名，选择变量类型、数据范围、连接设备等，完成配置后，单击"确定"按钮即完成一个变量的配置。

（5）启动画面开发系统。在组态王工程浏览器的工程目录显示区中，单击"文件"大纲项下面的"画面"成员名，再在工程浏览器目录内容显示区中右击，在弹出的菜单中单击"新建画面"菜单，此时程序会切换到组态王开发系统（即画面开发系统），并且弹出"新画面"对话框，在此对话框中输入要新建的画面的名称以及画面的大小，选择好背景色，然后单击"确定"按钮，则出现了一个空白的新画面。用户可以在这个画面上利用各种绘图工具进行显示画面的设计。

（6）定义动画连接。在建立好的画面上双击图形对象，则会弹出"动画连接"对话框，用户可以对一个图形对象同时定义若干个动画连接，构成比较复杂的显示效果。

（7）运行与调试。启动组态王运行系统，通过对画面的观察和操作验证设计是否正确与完善，根据出现的问题可以重新进行上述（3）、（4）、（5）、（6）步骤，直到系统的功能正常。

6.4 组态王监控工程项目开发实例

本节介绍一个机械手控制工程项目开发的实例。

一、机械手的控制要求

目的：实现对机械手的控制与动作监控。

机械手具体的动作要求如下：按下启动按钮 SB1，机械手向下移动 5 s，夹紧 2 s，随后上升 5 s，右移 10 s，下移 5 s，放松 2 s，上移 5 s，左移 10 s，完成一个工作周期，回到开始位置，随后继续进行下一周期的运行。如果按下停止按钮 SB2，则当本工作周期完成、机械手返回到开始位置后，才能停止运行。

二、控制系统的硬件组成

机械手控制监控系统主要由机械手动作机构、NEZE 型 PLC，24 V 电源和计算机组成。

1. 机械手

机械手的外形结构示意图如图 6-4 所示。

操作面板上有启动按钮 SB1 和停止按钮 SB2，这两个信号需要通过数字量输入接口送入工业控制计算机（简称工控机或 IPC），以便实现系统的启动和停止。

机械手上设立有 6 个电磁阀，它们分别是：放松电磁阀控制信号 HL1，夹紧电磁阀控制信号 HL2，下移电磁阀控制信号 HL3，上移电磁阀控制信号 HL4，左移电磁阀控制信号 HL5 和右移电磁阀控制信号 HL6。这 6 个信号由工控机经过数字量输出接口输出，控制机械手的各个动作。

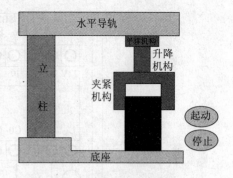

图 6-4　机械手结构示意图

2. I/O 接口

I/O 接口是实现工控机输入/输出信号与外部设备之间进行连接的桥梁。这里采用法国施耐德系列的 NEZA 型 PLC 作为工控机与机械手之间进行数据交换的设备，它具有 12 点数字量输入和 8 点数字量输出，扩展 4 路模拟量输入和 2 路模拟量输出，可以用于交流负载或直流负载的控制，或输入/输出控制量大小的模拟量工作，每个数字量输出接口的电流容量为 2A，电压在 500 V AC 以下。

NEZA 型 PLC 的通信是通过一根专用电缆与 PC 机 RS-232 串行通信口连接的，达到数据交换的目的。该电缆同时还可以用于程序的写入和调试以及上位机的监控。

3. 工业控制计算机

工业控制计算机是整个系统的核心部分，其功能是通过与 PLC 的通信接收外部输入信号，然后按照事先设定的程序运行，通过 PLC 发出控制信号给机械手，从而控制机械手的运行。硬件配置同上（本平台配置完全满足要求），组态王运行不必配置专用工业计算机。

4. I/O 接口设备的接线与安装

定义系统的 I/O 接口功能分配见表 6-1。

表 6-1　I/O 分配表

输入信号		输出信号	
对象	NEZA 接线端子编号	对象	NEZA 接线端子编号
SB1	%I0.0	HL1（放松阀）	%Q0.0
SB2	%I0.1	HL2（夹紧阀）	%Q0.1
		HL3（下移阀）	%Q0.2
		HL4（上移阀）	%Q0.3
		HL5（左移阀）	%Q0.4
		HL6（右移阀）	%Q0.5

硬件接线如图 6-5 所示。

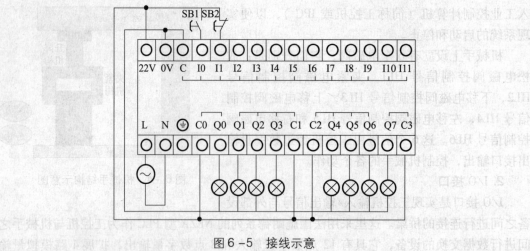

图6-5　接线示意

5. 机械手控制梯形图程序的编制

根据机械手自动控制的各项要求，设计、编写、调试程序，在 PLC 中正常运行成功后，可以进入监控工程的开发阶段。

三、控制工程项目的建立

1. 创建工程路径

单击"开始"→"程序"→"组态王6.0"→"组态王"命令，启动"组态王"工程管理器，选择菜单"文件"→"新建工程"或单击"新建"按钮，弹出如图6-6所示的"新建工程向导之一"对话框。单击"下一步"继续，弹出"新建工程向导之二"对话框。

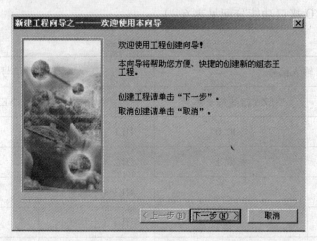

图6-6　"新建工程向导之一"对话框

在工程路径文本框中输入一个有效的工程路径，或单击"浏览"按钮，在弹出的路径选择对话框中选择一个有效的路径。单击"下一步"继续，弹出"新建工程向导之三"对话框。

在工程名称文本框中输入工程的名称，该工程名称同时将被作为当前工程的路径名称。在工程描述文本框中输入对该工程的描述文字。单击"完成"按钮，完成工程的新建

过程。这时，定义的工程信息会出现在工程管理器的信息表格中。双击该信息条或单击
"开发"按钮，或选择菜单"工具"、"切换到开发系统"命令，进入组态王的开发系统。
单击"忽略"，进入"演示方式"及软件开发系统，出现工程浏览器界面。

2. 创建新画面

选择工程浏览器左侧大纲项"文件"→"画面"命令，在工程浏览器右侧双击新建
图标，弹出"新画面"对话框，如图6-7所示。

在"画面名称"处键入新的画面名称，如"主画面"，画面宽度设置为"800"，画面
高度设置为"600"（与屏幕的分辨率一致），其他属性目前不用更改。

按"确定"按钮，进入内嵌的组态王画面开发系统，如图6-8所示。

3. 制作图形画面

确定工程路径后，用户就可以为新建的监控工程建立数目不限的画面了。在每个画面
上构建互相关联的静态或动态图形对象。制作监控工程的图形画面，可以使用组态王提供
的类型丰富、功能多样的工具箱来完成。工具箱中有图形、线条、图片拷贝、多边形、文

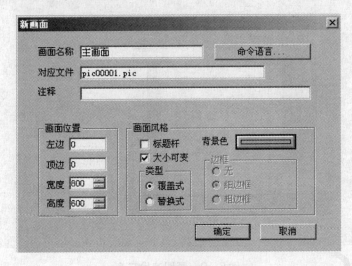

图6-7　"新画面"对话框

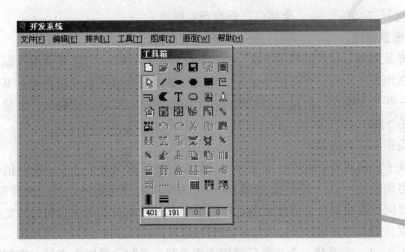

图6-8　"开发系统"界面

本等基本图形对象，还有按钮、图库等已有的图形对象，也提供了对图形对象在窗口内任意移动、缩放、改变形状、复制、删除、对齐等编辑操作的支持，全面支持键盘、鼠标绘图，并可提供对图形对象的颜色、线型、填充属性进行改变的操作工具，如图6-9所示。

创建图形画面的具体步骤如下：

（1）新建应用程序或打开已有的应有程序，进入工程浏览器。

（2）单击工程浏览器左侧的工程目录显示区的"画面"项，再双击工程浏览器右部的目录内容显示区，进入画面开发系统，命名"新画面"名称。

（3）在组态王开发系统中从"工具箱"中选择圆形、文本、扇形、按钮、多边形、管路、线条等图形工具，用鼠标在画面上画出一个机械手结构图，还可以使用调色板中颜色属性和画刷属性中的填充属性来丰富图形的效果。

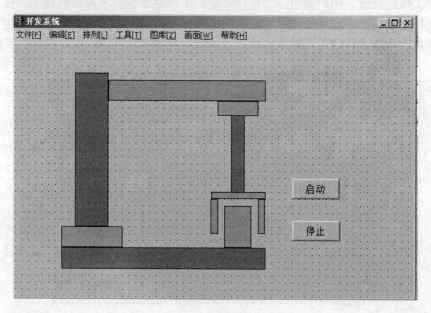

图6-9　画图开发示意

（4）选择"文件"→"全部存"保存现有画面。

4. 构造数据库

数据库是组态王软件的核心部分，在 TouchVew 运行时，它含有全部数据变量的当前值。变量在组态王画面开发系统中定义，定义时要指定变量名和变量类型，某些类型的变量还需要一些附加信息。数据变量的集合称为数据词典。变量定义是在"变量属性"对话框中进行的。

构造数据库的方法如下：

在机械手控制系统工程中，需要采用变量来存放外部设备传送来的控制信号（如机械手停止和启动信号）以及需要发送到机械手去的控制信号（如各个阀门的控制信号）。这些变量需要同外部设备进行数据交换，故需要事先进行配置，再建立相应的变量。

定义变量的具体方法如下：

根据表6-1，需要建立2个数字量输入变量和6个数字量输出变量，实现和 PLC 的数据交换。组态王中的变量可以取中文名称，以方便用户的应用。

在工程浏览器中，选择"数据库"→"数据词典"，然后在目录内容显示区中双击"新建"图标，出现"定义变量"窗口，如图 6-10 所示。在基本属性页中输入变量名"启动按钮"，变量类型设置为"I/O 离散"，连接设备为"JIXIESHOU"，寄存器设置为"10001"，数据类型设置为"bit"，读写属性设置为"只读"，采集频率设置为 100 ms（以加快系统响应速度）。再单击"确定"按钮，则完成了第一个变量"启动按钮"的建立。同样可以建立"停止按钮"，寄存器应设置为"10002"。

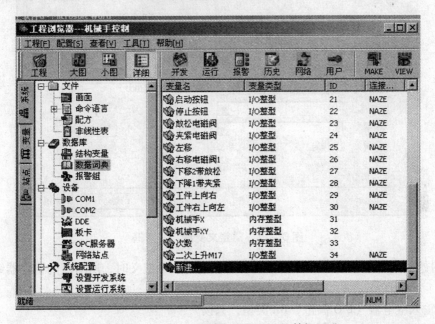

图 6-10   组态工程浏览器界面下的数据词典

同理，可以建立"放松电磁阀"、"夹紧电磁阀"、"上移电磁阀"、"下移电磁阀"、"左移电磁阀"、"右移电磁阀"6 个数字量输出变量，用 PLC 内部寄存器 00001，00002，00003，00004，00005，00006 来代表，读写属性设置为"读写"。

此外，为了在程序中对当前机械手运行状态及按钮按下情况进行识别，需要利用 3 个变量：运行标志、停止标志和次数。"次数"用内存变量即可，变量名设为"次数"，变量类型设为"内存整型"；对于"运行标志"变量，变量名设置为"停止标志"，变量类型为"内存离散"。

再建立 4 个内存实型变量，分别为"工件 X"、"工件 Y"、"机械手 X"和"机械手 Y"，用来控制工件和机械手所在的位置。

双击"新建"图标，弹出"定义变量"对话框，如图 6-11 所示。

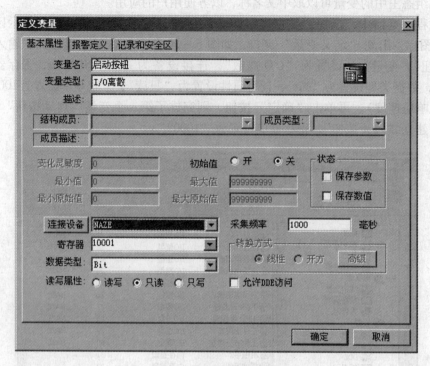

图 6 −11 "定义变量" 对话框

施耐德系列的 PLC 在组态王监控工程中，进行变量定义时，所对应的寄存器编号方法如下：

1）输入继电器（I/O 离散，Bit 类型，只读）

地址：% I0. 0 组态王中的寄存器编号：10001；

地址：% I0. 1 组态王中的寄存器编号：10002；

地址：% I0. 2 组态王中的寄存器编号：10003；

地址：% I0. 3 组态王中的寄存器编号：10004；

地址：% I0. 4 组态王中的寄存器编号：10005；

地址：% I0. 5 组态王中的寄存器编号：10006；

地址：% I0. 6 组态王中的寄存器编号：10007；

地址：% I0. 7 组态王中的寄存器编号：10008；

地址：% I0. 8 组态王中的寄存器编号：10009；

地址：% I0. 9 组态王中的寄存器编号：10010；

地址：% I0. 10 组态王中的寄存器编号：10011；

地址：% I0. 11 组态王中的寄存器编号：10012；

即 % I0. a。对应的寄存器编号 $100a + 1$。

2）输出继电器（I/O 整数，bit 类型，读写）

地址：% Q0. 0 用 % M0. 0 的状态表示，对应的寄存器编号：00001；

地址：% Q0. 1 用 % M0. 1 的状态表示，对应的寄存器编号；00002；

地址：% Q0. 2 用 % M0. 2 的状态表示，对应的寄存器编号：00003；

地址:%Q0.3 用%M0.3 的状态表示，对应的寄存器编号：00004；

地址:%Q0.4 用%M0.4 的状态表示，对应的寄存器编号：00005；

地址:%Q0.5 用%M0.5 的状态表示，对应的寄存器编号：00006；

地址:%Q0.6 用%M0.6 的状态表示，对应的寄存器编号：00007；

地址:%Q0.7 用%M0.7 的状态表示，对应的寄存器编号：00008。

也可以直接使用%M0.m 作为组态王与 PLC 数据的交换信息，但对应寄存器编号原则同上，即%M0.$m = 0000m + 1$。

3）字传送寄存器（I/O 实数，int 类型，读写）

地址:%MW0，对应的寄存器编号：40001；

地址:%MW1，对应的寄存器编号：40002；

地址:%MW2，对应的寄存器编号：40003；

地址:%MW3，对应的寄存器编号：40004；

即%MWn，对应的寄存器编号 $4000n + 1$。

5. 配置设备

在组态王工程管理器中，双击刚才建立的"机械手控制系统"工程，启动组态王的工程浏览器。

双击工程目录显示区中"设备"大纲下面的"COM1"成员名，然后在出现的窗口中输入串行通信口 COM1 的通信参数，包括波特率 9600 b/s，偶校验，8 位数据位，1 位停止位，RS-232 通信方式，然后单击"确定"按钮，就完成了对 COM1 的通信参数配置，保证 COM1 同 PLC 的通信能够正常进行。

双击目录内容显示区中的"新建"图标，在出现的"设备配置向导"中单击"PLC"→"莫迪康"→"Modbus（RTU）"→"串行"，如图 6 – 12 所示。

单击"下一步"按钮，在下一个窗口中给这个设备取一个名称"JIXIESHOU"，单击"下一步"按钮，在下一个窗口中为这个设备指定所连接的串口"COM1"，单击"下一步"按钮，在下一个窗口中为设备指定一个地址"0"（该地址应该与 PLC 通信参数设置程序中的地址相同），再单击"下一步"按钮，出现"通信故障恢复策略"设定窗口，使用默认值即可。再单击"下一步"按钮，出现"信息总结"窗口，检查无误后单击"完成"按钮，完成设备的配置。

6. 定义动画连接

定义动画连接是指在画面的图形对象与数据库的数据变量之间建立一种关系，当变量的值改变时，在画面上以图形对象的动画效果表示出来。或者由软件使用者通过控制或改变 PC 屏幕上的图形对象，发布命令（改变数据变量的值），去控制下位机的动作。

组态王提供了多种动画连接类型，有属性变化、文本色变化、位置与大小变化、值输出、值输入、滑动杆输入、命令语言等七大类共 21 种动画连接方式。一个图形对象（图素）可以同时定义多个动画连接，组合成较为复杂的效果，以便满足实际应用中所需的动画要求。

创建动画连接的步骤如下：

画面中的图素绘制完成仅仅是第一步，如果画面中的图素能够反映出机械手的各种动作，则必须使画面中的图素能够根据变量的变化而产生一定的动作，例如，机械手臂的上下移动、手臂的抓紧与放松等。

图 6-12 确定 PLC 型号

（1）双击画面上机械手水平移动手臂上方的平移机构，出现"动画连接"对话框，单击"水平移动"按钮，出现"水平移动连接"对话框，如图 6-13 所示。单击"?"按钮，将"表达式"设置为"\\本站点\工件右移"，向左移动距离设置为 200，最左边对应值设置为 0，向右移动距离设置为 0，最右边对应值设置为 1，然后单击"确定"按钮，回到"动画连接"对话框。再单击"确定"按钮，完成对机械手水平手臂的画面矩形的动画连接。

同理，还可以双击画面上机械手的垂直可移动手臂，出现"动画连接"对话框，再单击其中的"水平移动"按钮，出现"水平移动连接"对话框。单击"?"按钮，将"表达式"设置为"\\本站点\工件左移"，向左移动距离设置为 200，最左边对应值设置为 0，向右移动距离设置为 0，最右边对应值设置为 1，单击"确定"按钮，回到"动画连接"对话框，再单击"确定"按钮，完成对机械手水平可移动手臂矩形的动画连接。

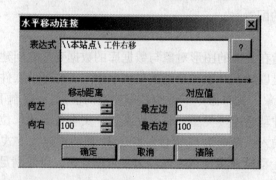

图 6-13 "水平移动连接"对话框

（2）双击画面上机械手垂直手臂的升降矩形，出现"动画连接"对话框，单击"缩放"按钮，出现"缩放连接"对话框，如图6-14所示。单击"?"按钮，将"表达式"设置为"\\ 本站点 \ 下放"，变化方向设置为"从底部由下向上缩放"，最小时对应值设置为0，占据百分比设置为38，最大时对应值设置为1，占据百分比设置为100，然后再单击"确定"按钮，回到"动画连接"对话框。还可以单击"水平移动"按钮，进入"水平移动连接"对话框，单击"?"按钮，将"表达式"设置为"\\ 本站点 \ 右移"，向左移动距离为200，最左边对应值为0，向右移动距离为0，最右边对应值为1，然后单击"确定"按钮，返回"动画连接"对话框，再单击"确定"按钮，完成对机械手垂直手臂的动画连接。

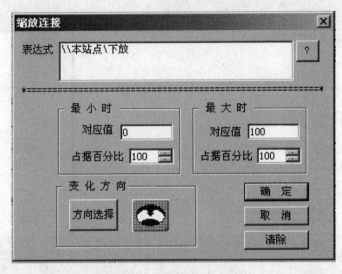

图6-14　"缩放连接"对话框

（3）双击画面上机械手的夹紧机构左半只爪，出现"动画连接"对话框，单击"水平移动"按钮，出现"水平移动连接"对话框，单击"?"按钮，将"表达式"设置为"\\ 本站点 \ 夹紧"，向左移动距离为0，最左边对应值为0，向右移动距离为10，最右边对应值设置为1，然后单击"确定"按钮，完成对机械手夹紧矩形的水平动画连接，回到"动画连接"对话框。同理，可以连接夹紧机构的右半只爪。

选中夹紧机构，双击图形，在"动画连接"对话框中再单击"垂直移动"按钮，进入"垂直移动连接"对话框，单击"?"按钮，将其中的"表达式"设置为"\\ 本站点 \ 下放"，向上移动距离为0，最上边对应值为0，向下移动距离为100，最下边对应值为1，然后单击"确定"按钮，回到"动画连接"对话框，再单击"确定"按钮，完成对夹紧机构的动画连接。

（4）双击画面上表示工件的矩形，出现"动画连接"对话框，单击"水平移动"按钮，出现"水平移动连接"对话框，单击"?"按钮，将"表达式"设置为"\\ 本站点 \ 工件移动"，向左移动距离为200，最左边对应值为0，向右移动距离为0，最右边对应值设置为1，然后单击"确定"按钮，完成工件水平移动的动画连接，回到"动画连接"对话框。

（5）在"动画连接"对话框中单击"垂直移动"按钮，进入"垂直移动连接"对话框，单击"?"按钮，将"表达式"设置为"\\ 本站点 \ 工件上升"，向上移动距离为100，最上边对应值为1，向下移动距离为0，最下边对应值为0，然后单击"确定"按钮，完成垂直移动连接，返回到"动画连接"对话框，再单击"确定"按钮，完成对工件的动画连接。

（6）双击画面上的"启动"按钮，出现"动画连接"对话框，单击命令语言连接的"按下时"按钮，进入命令语言连接，如图6-15所示。

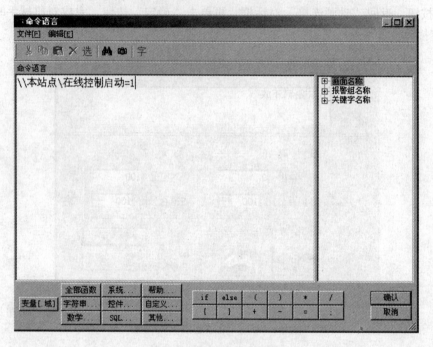

图6-15 命令语言连接

单击 变量[.域] 按钮，选择内部位％M50 所对应的 I/O。整型变量，编号为00051，名称定义为"\\ 本站点 \ 在线控制启动"，确定后单击"="按钮，输入值1，最后单击":"按钮后，单击"确认"即可退回到"动画连接"对话框。再单击"弹起时"的命令语言按钮，选择相同的变量和命令语言，但是，输入的值为0，其他同理。

读者可以试着做一下"在线控制停止"的命令语言连接，变量编号为00052。

7. 监控系统的调试

当系统接线和程序检查无误后，接通 PLC 电源和24 V 电源，然后在 PC 上单击工程浏览器的"VIEW"按钮，进入组态王运行系统。

按下机械手控制装置上的"启动"按钮，可以观察到机械手按照事先编制的 PLC 程序在有规律地顺序工作，同时，计算机画面上的图形也在显示相应的动作变化，达到在线监视的目的。

如果在运行过程中按下机械手控制装置上的"停止"按钮，则机械手完成本次动作整个周期后，返回到左上角后才停止运行。

用鼠标单击计算机画面上的"启动"按钮，同样可以控制机械手开始按照事先编制的

PLC 程序工作，计算机画面上的图形也在显示相应的动作变化，实现在线控制发布命令的目的。

如果在运行过程中，用鼠标单击计算机画面上的"停止"按钮，则机械手同样完成本次动作的整个周期后，返回到左上角后才停止运行。

如果机械手画面的动作和 PLC 的实际动作不一致，则需要综合分析，查找问题出现的原因，区分硬件或软件的问题，分别处理，直到达到要求为止。

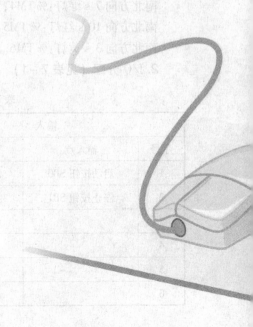

第七章

在工业控制中的应用

7.1 交通信号灯控制

1. 控制要求

由系统启停开关控制,启停开关闭合时,首先东西方向红灯、南北方向绿灯。东西红灯、南北绿灯亮 7 s 后,东西红灯闪烁 3 s、南北黄灯闪烁 3 s 后,南北方向变为红灯、东西方向变为绿灯。南北红灯、东西绿灯亮 7 s 后,南北红灯闪烁 3 s、东西黄灯闪烁 3 s,依次循环。

分析:马路东西方向及南北方向红、黄、绿亮灯的时间配合如图 7 - 1 所示。

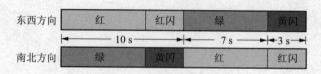

图 7 - 1 灯光时间配合示意

为了完成时间控制,必然在程序中使用多个定时器,定义如下:

东西方向 10 s 红灯:%TM0;

东西方向 7 s 绿灯:%TM1;

东西方向 3 s 黄灯:%TM2;

南北方向 7 s 绿灯:%TM4;

南北方向 10 s 红灯:%TM5;

南北方向 3 s 黄灯:%TM6。

2. I/O 分配(见表 7 - 1)

表 7 - 1 交通信号灯控制 I/O 分配表

输入			输出		
序号	输入点	输入端子	序号	输出点	输出端子
1	启动按钮 SB0	%I0.0	1	东西方向红灯	%Q0.1
2	停止按钮 SB1	%I0.1	2	东西方向绿灯	%Q0.2
3			3	东西方向黄灯	%Q0.3
4			4	南北方向红灯	%Q0.4
5			5	南北方向绿灯	%Q0.5
6			6	南北方向黄灯	%Q0.6

3. 参考程序（见图7-2）

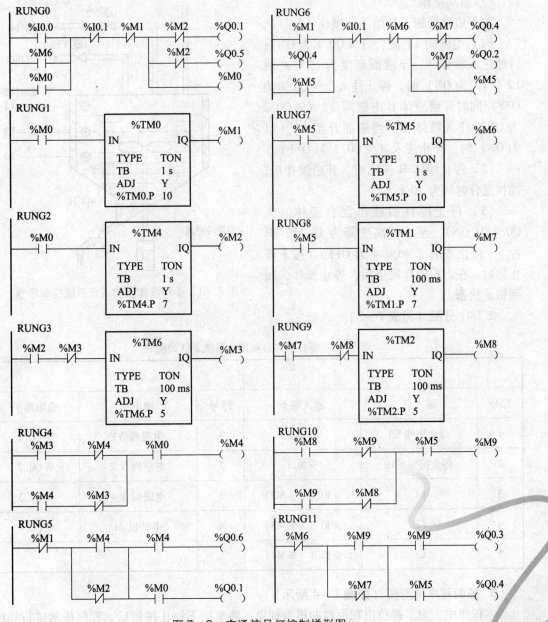

图7-2 交通信号灯控制梯形图

7.2 用 PLC 构成多种液体自动混合系统

多种液体自动混合系统控制示意图如图7-3所示。

1. 控制要求

1）初始状态

容器是空的，Y1、Y2、Y3、Y4 电磁阀和搅拌机均为 OFF，液面传感器 L1、L2、L3 均为 OFF。

2）启动操作

按下启动按钮，开始下列操作：

（1）电磁阀 Y1 闭合（%Q0.1 为 ON），开始注入液体 A，至液面高度为 L2（此时 L2 和 L3 为 ON）时，停止注入（%Q0.1 为 OFF）同时开启液体 B 电磁阀 Y2（%Q0.2 为 ON）注入液体 B，当液面升至 L1（L1 为 ON）时，停止注入（%Q0.2 为 OFF）。

（2）停止液体 B 注入时，开启搅拌机，搅拌混合时间为 10 s。

（3）停止搅拌后放出混合液体（%Q0.4 为 ON），至液体高度降为 L3 后，再经 5 s 停止放出（%Q0.4 为 OFF）。按下停止键后，在当前操作完毕后，停止操作，回到初始状态。

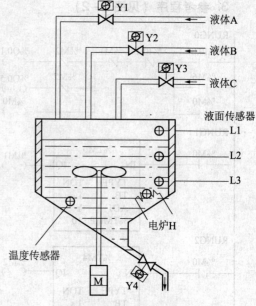

图 7-3 多种液体自动混合系统控制示意

2. I/O 分配（见表 7-2）

表 7-2 多种液体自动混合系统 I/O 分配表

输入			输出		
序号	输入点	输入端子	序号	输出点	输出端子
1	启动按钮 SB	%I0.0	1	电磁阀 Y1	%Q0.1
2	停止按钮 SB1	%I0.1	2	电磁阀 Y2	%Q0.2
3	L1	%I0.2（%M2）	3	电磁阀 Y4	%Q0.3
4	L2	%I0.3（%M3）	4	电动机 M	%Q0.4
5	L3	%I0.4（%M4）			

3. 控制程序梯形图（如图 7-4 所示）

本程序中，为了避免出现原料的浪费现象，要求按下停止按钮后，程序依然进行到结束，直到将已混合好的液体放出后才能结束。即：按下 %I0.1→%M1 得电→%M10 被置 1→%Q0.0 得电，依次向下执行，直至结束。

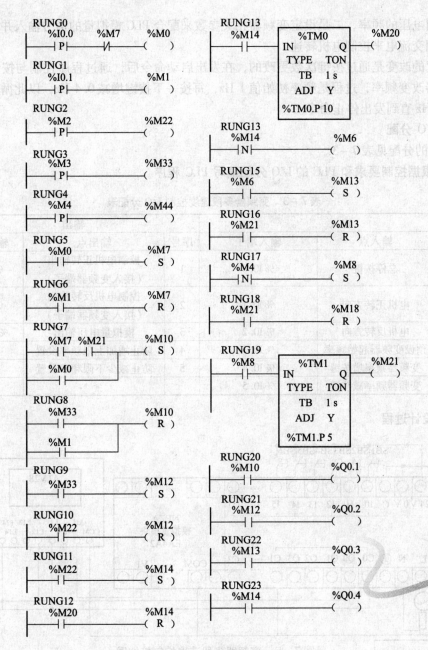

图 7-4 控制程序梯形图

7.3 变频器多段速度控制

1. 控制要求

利用 PLC 及其模拟量模块来控制变频器输出不同频率三相交流电供给电机，从而进行电机速度控制。

本设计分两部分：一是通过 PLC 以及模拟量模块输出 0~10 V 的直流电压用于供给变

频器控制电压的频率，二是设定变频器相关参数来配合 PLC 模拟量的信号输入并输出可变频率三相交流电来控制电机转速。

速度的改变是通过按键次数更改的，在发出启动命令后，通过程序控制与按键配合来使变频器改变频率，过程是频率初始值 1 Hz，每按一下按键增减 0.4 Hz，以此循环增加到大约 50 Hz 直到发出停止命令。

2. I/O 分配

I/O 的分配见表 7 - 3。

3. 根据控制要求和 PLC 的 I/O 分配编写 PLC 程序

表 7 - 3　变频器多段速度控制 I/O 分配表

输入			输出		
序号	输入点	输入端子	序号	输出点	输出端子
1	总停按键	%I0.0	1	控制电机正转输出（接入变频器端子）	%Q0.0
2	电机正转方向	%I0.1	2	控制电机反转输出（接入变频器端子）	%Q0.1
3	电机反转方向	%I0.2	3	模拟量电压输出	%QW5.1
4	预设变频器起始频率	%I0.3	4	防止增加上限频率设置	%M1
5	变频器频率增按键	%I0.4	5	防止减少下限频率设置	%M2
	变频器频率减按键	%I0.5			

4. 设计过程

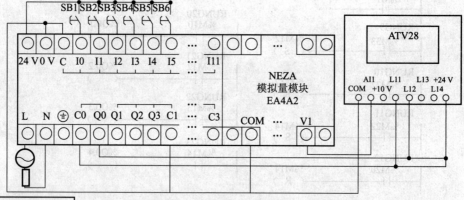

图 7 - 5　变频器多段速度控制接线图

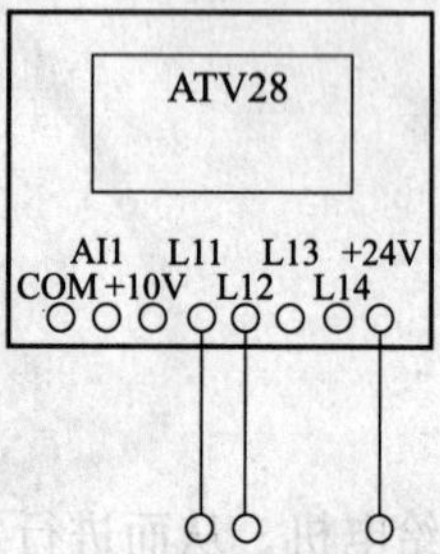

图 7 - 6　变频器端子块控制配置图

（1）用跨接线按照图 7 - 5 所示进行接线，电机接于端子变频器部分的 U、V、W 处。

（2）PLC、变频器相关配置说明。

施耐德 ATV28 变频器参数设置：要求端子块控制配置 2 线控制接点打开或者闭合控制运转或停车，如图 7 - 6 所示。

如：I - O 设置：

菜单中 TCC 参数为"2C"，表示 2C 控制为接点打开或闭合，控制运转或停车；

CrL 模拟输入 AIC 最小值：0～20 mA 调整；

CrH 模拟输入 AIC 最大值：4～20 mA 调整。

本设计中使用 0～10 V 输入设置 CrL 为 0 以及 CrH 为 10，其他具体设置参考 ATV28 使用说明书设置。

NEZA 系列中模拟量模块 TSX08 EA4A2 模块，包括四路 AD 输入、两路 DA 输出，通过系统字%SW116 的参数设定，在本项目中使用其 DA 输出 0～10 V 电压，对应 DA 输出地址：两路输出分别对应 I/O 交换字%QW5.0～%QW5.1。其中 DA 转换对应关系图如图 7-7 所示。

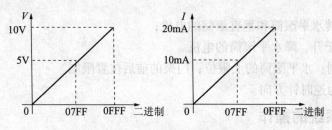

图 7-7 D/A 转换对应关系示意

使用 TSX08 EA4A2 模块需通过系统字%SW116 进行设定，%SW116 的格式如图 7-8 所示。图中，采用 0～11 位来描述模拟量模块的安装位置，并根据相应位的状态确定模拟量输入信号的性质。当相应位为 0 时，模拟量输入为电压信号；当相应位为 1 时，模拟量输入信号为电流信号。

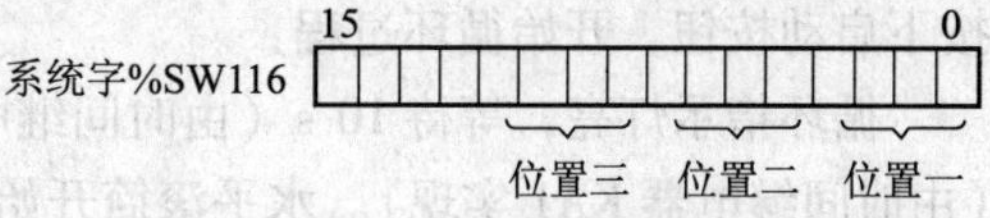

若系统字%SW116 = 16#000C，则说明该模拟量 I/O 单元安装在位置一，且 AD1，AD2 为电压输入，AD3、AD4 为电流输入。

图 7-8 系统字%SW116 的格式

在 TSX08 EA4A2 模块中，模拟量输出信号不需要事先设定，电压/电流信号同时输出，只需根据需要选用即可。

当 DA 输出电压从 0～10 V 信号，对应的转换值为：0～4095（0～0FFF）数字量，通过 PLC 程序来控制 DA 模块中字存储%MW0 中变量从 0～4095 数值变化，就可以从输出端子 V1 中输出 0-10 V 范围的电压信号供给 ATV28 变频器。

（3）PLC 参考程序如图 7-9 所示。

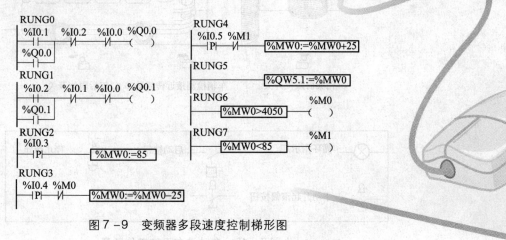

图 7-9 变频器多段速度控制梯形图

7.4 自动洗车系统

一、应用系统描述

自动洗车系统示意图如图 7-10 所示，系统由以下几个部分组成：

（1）一个支撑水平滚筒和垂直滚筒的门架，由一个双向操作（向前和向后）的电机驱动；

（2）用于旋转水平滚筒和垂直滚筒的电机；

（3）一个用于升、降水平滚筒的电机。

限位开关控制：水平滚筒的上限位；门架的前后位置限制。

滚筒的旋转为逆时针方向。

二、应用系统的操作

1. 自动循环冲洗

初始条件：门架在"后部"位置（后限位开关闭合），水平滚筒在升起的位置（上限位开关闭合），一辆车出现在冲洗区（车辆出现接近传感器闭合）。当初始条件满足时，按下启动按钮，开始循环过程：

循环指示灯亮，等待 10 s（由时间继电器 KA0 实现），水平滚筒向下移动（KM1）5 s（由时间继电器 KA1 实现）。水平滚筒开始旋转（KM3 控制）并且门架向前运动（KM4 控制）。假设喷水泵和旋转滚筒的电动机同时被激活。门架向前运动，碰到门架前限位开关时停止，这时门架自动后退（KM5 控制），门架后退，碰到后限位开关时停止，同时滚筒停止旋转，并发出升起水平滚筒的命令（KM2 控制），直到到达上限位开关，结束循环。

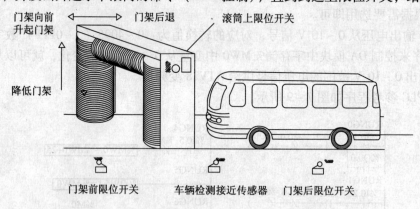

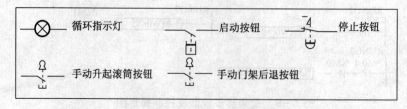

图 7-10 自动洗车系统工作示意

另外，系统要求一个时钟及两个计数器。一个实时时钟用于时间的管理（从星期一到星期六，8：00 到19：30），在此时间范围之外，不接受启动请求；一个周计数器记录着每周执行的冲洗次数，它在每周一早上8：00 自动复位到0；另外一个计数模块记录了在过去的几星期内执行的总的冲洗次数

2. 手动立即停止

一个锁存按钮可以在任何时候停止循环（立即停止所有电动机）。要开始一个新的循环，必须执行以下操作：

按下手动升起滚筒按钮，将水平滚筒升至上限位置（至上限位开关）。

按下手动门架后退按钮，将门架退至后部位置（至后限位开关）。

松开停止按钮。

三、系统的硬件接线

系统硬件接线如图7 –11 和图7 –12 所示，PLC 硬件接线如图7 –13 所示，系统工作流程如图7 –14 所示，系统 I/O 分配见表7 –4。

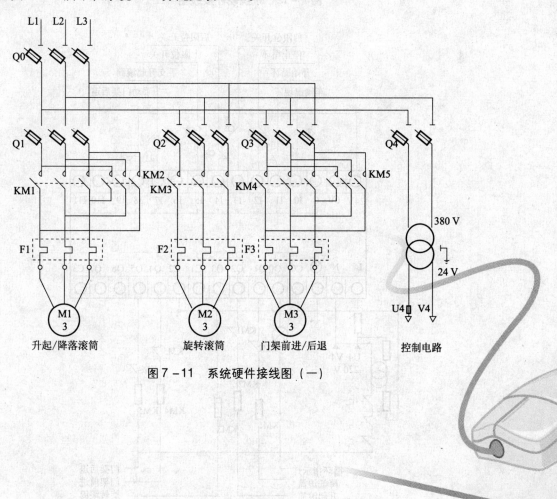

图7 –11　系统硬件接线图（一）

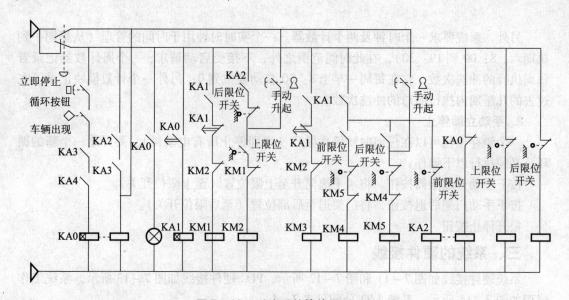

图 7 –12 系统硬件接线图 （二）

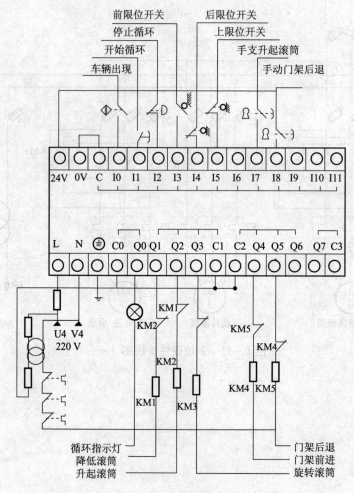

图 7 –13 PLC 硬件接线

表 7 – 4　自动洗车系统 I/O 分配

输入	
输入点	输入端子
车辆接近开关	% I0.0
开始按钮	% I0.1
停止按钮	% I0.2
门架前限位开关	% I0.3
门架后限位开关	% I0.4
滚筒上限位开关	% I0.5
手动升起滚筒按钮	% I0.7
手动门架返回按钮	% I0.8
输出	
输出点	输出端子
循环指示灯	% Q0.0
降低滚筒接触器	% Q0.1
降低滚筒接触器	% Q0.2
升起滚筒接触器	% Q0.3
门架前进接触器	% Q0.4
门架后退接触器	% Q0.5
内部变量	
功能	地址
启动锁存变量 KA0	% M0
降低滚筒变量 KA1	% M1
门架前进锁存变量 KA2	% M2
调试模块输出变量	% M3
星期一测试变量	% M4
% M4 上生成脉冲的变量	% M5
% M2 上生成脉冲的变量	% M6
测试 % TM1 上定时器输出的变量	% M7
总冲洗次数计数	% MW0
实时时钟的当前值	% SW50
启动延时	% TM0
降低滚筒延时	% TM1
周冲洗次数计数器	% C0
调度模块	RTC0

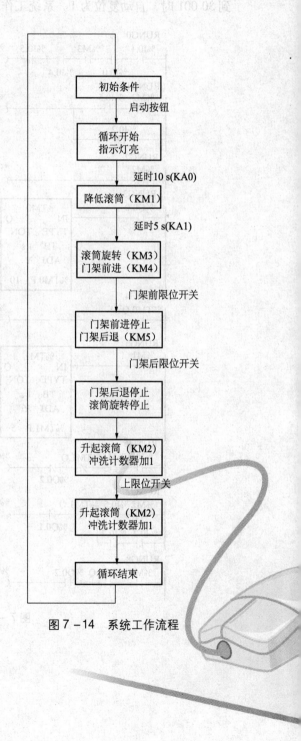

图 7 – 14　系统工作流程

PLC 的内部位％M0,％M1 和％M2 取代 T 控制继电器 KA0，KA1 和 KA2，继电器 KA3 和 KA4 就用不到了，因为一个变量可在 PLC 程序中被多次检测（读取）。

在每周一（通过检测系统字％SW50 的前 4 位），将内部位％M4 置 1，其上升沿将周冲洗次数计数器（计数器％C0）置 0。当总的冲洗次数计数器（内部字％MW0）计数达到 30 001 时，自动复位为 1。系统工作程序如图 7－15 所示。

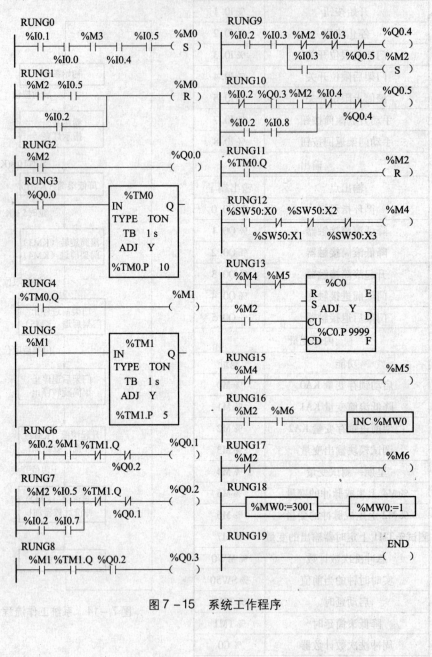

图 7－15 系统工作程序

附录1　XK-2001型电气智能实验教学系统简介

XK-2001型电气智能实验教学系统，是为职业技术教育而开发的综合性的电气智能实验教学系统，适用于各类职业学校的电工、电子、机电一体化、自动化等专业的教学以及从事相关专业的技术人员培训。主要针对学生的岗前培训和职工再培训。

本系统采用计算机技术、网络技术和多媒体技术，有机地融合了电工、电子、电力拖动、单片机、PLC、变频器等实验内容，并开发出按行业分类的各种计算机仿真软件。系统设置了学生实验台、教师主控实验台和器材柜，实现了教学资源共享，优化了实验教学管理。系统分操作、模拟和仿真三个培训（实验教学）层面，软件与硬件紧密结合，实现培养、培训与工作紧密衔接。

一、培训（实验教学）基本原则

1. 分操作、模拟和仿真三个培训（实验教学）层面

1）操作层面

操作层面是最底层的工作，即面对硬件的工作，是建立一个可靠系统的基础。硬件的安装和驱动程序的调试都需要由技术工人来完成。一个设计蓝图的实施，归根到底需要由一步一步地可靠并且迅速的操作完成。资金、设备、管理和技术都能够从发达国家和地区引进，但唯独技术工人不可以大量引进，因此操作层面培训的任务是很重要的。

2）模拟层面

模拟层面的培训（实验教学）需要考虑经济效益和社会效益。操作层面的培训，往往伴随着材料的消耗，有时还需要价格较高的部件或设备。在操作层面的培训通过考核之后，就需要及时转为模拟层面的培训。

模拟层面的培训一般不再涉及具体的终端设备。例如，可以用小灯泡代替电动机；灯亮表示电机转动；具体的电路也可以使用简单的材料替代。此时，培训的重点是系统如何工作的，系统出现故障后如何分析与排除。

3）仿真层面

仿真层面的培训是较高层次的培训。在实际中由于资金、时间、场地等条件的限制，要达到某种培训或实验的目的，需要有真实的设备和系统环境供学习和研究，但代价是昂贵的，有时甚至是不可能的。因此，计算机仿真无论是在教学还是在科研中，其作用是不可替代的。仿真层面的培训是多样化的，既能实现各种材料、器件、设备的仿真，以满足认识教学的需要，又可实现复杂系统的仿真研究。既能针对各种模拟、电子产品的原理和实现进行仿真，又可针对复杂的工艺环境和控制系统进行仿真。仿真层面包括两部分：一是仿真培训，完全脱离实际器材，仅使用计算机和相关仿真软件，对系统的设计、运行、优化进行仿真；二是模拟仿真培训，利用仿真软件结合系统的硬件资源，实现工厂控制系统的模拟仿真。

2. 软件与硬件紧密结合

计算机技术的发展孕育了智能控制技术，普遍使用的嵌入式智能控制器，如：单片

机、PLC 等，都是软件与硬件紧密结合的统一体。在生产实际应用中，一个工艺系统的运行，无不渗透着模型软件和控制硬件的密切配合；二者缺一不可。

3. 培训（实验教学）与工作紧密衔接

三个层面的培训，不仅使学员通过基础理论和基本操作的学习与训练，掌握一般的实际工作技能，而且按定向培养的目标，通过计算机仿真，对未来实际工作环境和优选的工艺；生产实际中的设备与器材；生产操作和工作程序，进行全方位的仿真训练，使学员完成培训即可上岗工作。

二、（实训教学）基本方法

根据系统培训基本原则，使学员达到培训与工作紧密衔接，需按以下方法进行培训：

（1）围绕工作目标，以完成工作任务为驱动力，以学员目前水平为基础，确定培训内容，制订培训计划，展开模块式培训教学。

（2）采用生产中实际使用的工具、仪器和材料。

（3）采用模拟和仿真相结合的手段。

（4）完成工作任务的规范化程序。

（5）将工作程序列入考核内容。

三、系统特点

（1）该系统采用计算机仿真、多媒体互动等现代化信息技术手段，通过操作、模拟、仿真三个培训层面，实现了电工、电子、机电一体化等的教学，从模拟操作到数字化操作转变，解决了以往专业培训理论、实验、实习和实际应用脱节的问题。

（2）该系统是一个完整的教学平台，具有综合性、系统性、经济性，该系统有机融合了电工、电子、机电一体化的教学内容于一体，可替代电力拖动、单片机、PLC、变频器等单体实验室。同时配有实验室综合管理系统，可对实验器材、实验计划、实验成绩、系统维护进行管理，每个实验台即是一个独立实验系统，整个实验室又构成一个网络教学系统，可节约资金。

（3）软件开发设计思想的先进性：开发了按行业分类和工种相结合的仿真软件，将复杂流程工艺、大型机械设备通过虚拟仿真的手段，在实验室得以再现。并通过实验台对其进行控制，将传统实验中投资大、周期长而难以实现的实物教学内容，如电机拆装、机械手等，采用仿真手段加以解决。另一方面把现代工厂的操作模式纳入实验教学。

（4）开发软件手段的先进性：将 PLC 编程技术、多种高级语言编程技术，同工控组态软件技术相结合，实现了三维虚拟仿真、监控技术的首次突破。

（5）仿真内容的超前性、先进性：该系统不仅具有对传统系统的经典控制，更体现先进控制思想，将模糊控制、神经元网络，专家系统纳入系统中，把 CIMS 的现代设计管理方法引入教学，开拓学员的视野。

（6）先进的教学模式：

①操作、模拟、仿真三个层次进行实验教学；

②软件与硬件紧密结合；

③采用多媒体手段进行实验教学；

④根据学员不同水平及岗位需求展开模块式教学；

⑤按工厂的操作规程进行实验教学;

⑥完善实验管理手段。

（7）开发平台的开放性：系统为用户搭建了多种开发平台，用户可根据自身特点进行二次开发，实现了实验教学资源的优势互补。

（8）劳动技能鉴定专用平台：根据劳动和社会保障部最新颁布的"维修电工劳动技能考试手册"大纲要求，自主研制开发了维修电工操作技能培训及相应考评、出题、测试系统，可作为劳动技能鉴定专用平台。

四、系统构成

1. 硬件部分

硬件部分包括有学生实验台、教师主控台、器材柜、实验板等。

2. 软件部分

本系统具有丰富的系统软件、应用软件和平台软件，采用嵌入式方式，使软件和硬件紧密结合，实现了培训与工作紧密衔接。

五、系统功能

本系统可进行操作、模拟和仿真三个层面的培训（实验教学）。

六、系统指标

1. 供电部分

（1）三相四线交流电源容量：10 A;

（2）三相电源总开关带漏电保护 I△n ≤30 mA，时间≤0.1 s;

（3）三相、单相输出带自动空气开关容量：10 A;

（4）事故急停按钮，电源指示;

（5）PLC、变频器、信号源分路供电开关;

（6）备用电源插座。

2. 检测部分

（1）0～30 mA 直流电流检测;

（2）0～30 V 直流电压检测。

3. 信号源部分

（1）可调节 4～20 mA 直流电流源;

（2）带 PID 控制功能块;

（3）指令执行速度：0.2～1 μs;

（4）通讯口：RS-485;

（5）高速计数器功能：10 kHz。

4. 变频器部分

（1）变频器电源输入输出：220 V AC 输入，三相输出;

（2）变频器功率：0.37 kW;

（3）模拟量输入：

① 10 k 电位器;

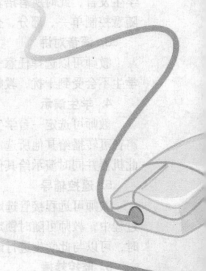

② 0 ~ ±10 V 直流电压；

③ 0 ~ 20 mA 直流电流。

(4) 模拟量输出：

① 0 ~ 10 V 直流电压；

② 0 ~ 20 mA 直流电流；

(5) 开关量输出：2 路继电器输出，容量 1 A；

(6) 带 PI 调节功能。

七、系统安全措施

1. 人身安全

(1) 每个实验台供电系统中都安装有漏电保护器。

(2) 每个实验台都配置有绝缘踏板和绝缘座椅。

2. 系统安全

(1) 各实验台的供电来自教师使用的主控台。系统供电的一级控制权，由实验指导教师掌握。

(2) 每个实验台供电系统中都安装有紧急停止按钮。在出现故障的时候，学生拍下"急停按钮"立即切断电源。

八、多媒体网络系统的功能

1. 广播教学

可以将教师机屏幕和教师讲话实时传送至学生机，可以单一、部分、全体学生广播，广播过程中可以请任何一位已登录的学生发言，此时所有广播接收者，在接受到老师广播教学的同时接收该同学发言。可以广播带有视频文件的多媒体课件。

2. 语音教学

语音教学功能可以将教师机麦克风或其他输入设备（如磁带、CD）的声音传到学生机，语音教学后学生就可以听到教师的声音。语音教学过程中，可以请任何一位已登录的学生发言，此时所有语音教学接收者同时接收教师与该学生发言。语音教学过程中，可以随意控制单一、部分、全体学生机停止或开始接收语音教学。

3. 语音对讲

教师可以选择任意一名已登录学生与其进行双向语音交谈，除教师和此学生外，其他学生不会受到干扰，教师可以动态切换对讲对象。

4. 学生演示

教师可选定一台学生机作为示范，由此学生代替教师进行示范教学，该学生机屏幕及声音可转播给其他所选定的学生，在演示过程中，教师与此学生允许对讲，教师可以遥控此机器并同时演示给其他学生。

5. 遥控辅导

教师可远程接管选定的学生机，控制学生机的键盘和鼠标，对学生机远程遥控，遥控过程中，教师可随时锁定或允许学生操作计算机的键盘与鼠标。教师在对学生遥控辅导时，可以与此学生进行语音对讲。

6. 监控转播

教师机可以监视单一、部分、全体学生机的屏幕，教师机每屏可监视多个学生屏幕

（最多16个），可以控制教师机监控同屏幕各窗口间、屏幕与屏幕间的切换速度，可手动或自动循环监视。

7. 屏幕录制

教师机可以将本地的操作和讲解过程录制为一录像文件，供以后回放，这样教师可实现电子备课，可以将广播过程录制为一可回放文件。

8. 屏幕回放

教师机可以将已录好的含有操作与讲解的录像文件进行回放，回放过程中自动进行广播。教师在屏幕回放时可以进行其他操作。

9. 网络影院（VCD广播）

网络影院可以使教师机播放视频文件的同时对学生机进行广播，支持多种视频文件格式，可以选择一个或多个视频文件进行播放。在播放过程中，可以进行切换全屏与窗口、快进、快退、拖动、暂停、停止等操作，可拖动进程条，可切换循环播放与单向播放，可以调节音量与平衡。VCD广播过程中，可以随意控制单一、部分、全体学生机停止或开始接收广播。还可将教师台的数字摄像信号同步广播出去。

10. 文件分发

允许教师将教师机不同盘符中的目录或文件一起发送至单一、部分、全体学生机的某目录下，若该目录不存在，则自动新建此目录，若盘符不存在或路径非法，则不允许分发，若文件已存在，则自动覆盖原始文件。可添加、修改、删除、分发宏目录。

11. 电子教鞭

电子教鞭用来辅助教师在进行屏幕广播、录制、遥控时进行辅助指导。教师可利用它直接在软件界面上进行强调重点，进行注解等操作，也可配合投影仪，手写笔进行电子板书或屏幕注解。

12. 黑屏肃静

教师可以对单一、部分、全体学生执行黑屏肃静来禁止其进行任何操作，达到专心听课的目的。

13. 远程命令

远程命令功能允许教师远程运行、关闭学生机上的应用软件，可以新建、修改、删除命令。

14. 本地命令

本地命令功能允许教师本地运行、关闭教师机应用软件，可以新建、修改、删除命令。

15. 远程重启、远程关机

教师可以对选定的学生机进行远程重启、远程关机，可以无任何提示强行关闭学生机。

16. 远程开机

远程开机可以在教师端控制学生端机器的开启，但必须要求学生机网卡与主板BIOS支持该功能。

17. 远程退出

可以在教师端控制学生机程序的退出，方便调试。

18. 远程设置

允许教师机端对学生机的属性进行设置，具体包括显示设置、控制面板设置、限制设置、因特网设置、高级设置，实现机房零管理。

19. 系统设置

系统设置包含一般设置、高级设置、网络设置、热键设置及其他设置。可对频道号、网络补偿、广播效率、系统热键等多种属性进行设定。

20. 远程消息

教师可以与学生进行互相交谈，每位教师或学生的发言都会记录在远程消息框中。消息框中还会显示学生机的登录、退出以及举手情况。

21. 电子举手

学生使用电子举手功能可随时呼叫教师。教师对举手的学生通过语音和文字随时应答和查看。

22. 学生属性

可以查看学生名称、机器名、登录名称、IP 地址、登录状态。

23. 系统锁定

在教学过程中，教师如需暂时离开教师机而又不想使其他人操作教师机时，需要进行系统锁定，可自行设置锁定密码。

九、XK-2001 型电气智能实验台内部原理接线图

1. 实验台面板平面与接线端子图

如图附 1 - 1 所示为实验台面板平面与接线端子图。

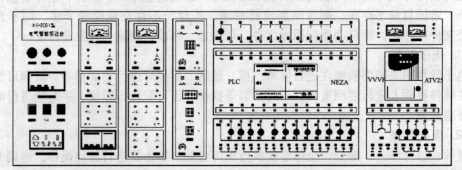

图附 1 - 1　实验台面板平面与接线端子图

2. 电源部分端子接线图

电源部分端子接线图如图附 1 - 2 所示。

三相电源　　单相电源

XT1-1 电源部分

图附 1 - 2　电源部分端子接线图

3. 开关量输入部分端子接线图

开关量输入部分端子接线图如图附 1 – 3 所示。

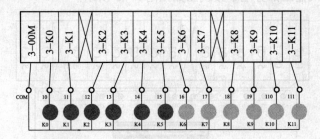

图附 1 – 3 开关量输入部分端子接线图

4. 稳压电源部分端子接线图

稳压电源部分端子接线图如图附 1 – 4 所示。

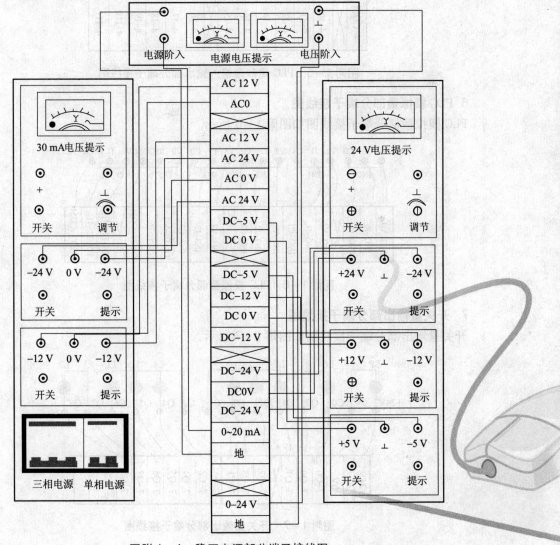

图附 1 – 4 稳压电源部分端子接线图

5. PLC 离散量输入输出部分端子接线图

PLC 离散量输入输出部分端子接线图如图附 1-5 所示。

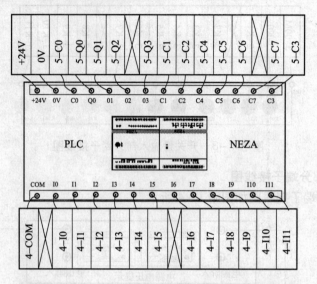

图附 1-5 PLC 离散量输入输出部分端子接线图

6. PLC 模拟量部分端子接线图

PLC 模拟量部分端子接线图如图附 1-6 所示。

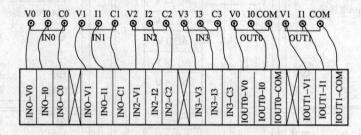

图附 1-6 PLC 模拟量部分端子接线图

7. 开关量输出部分端子接线图

开关量输出部分端子接线图如图附 1-7 所示。

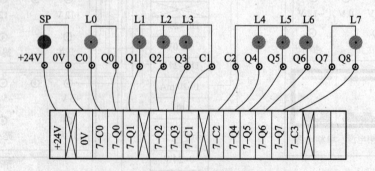

图附 1-7 开关量输出部分端子接线图

8. 变频器输出部分端子接线图如图附1-8所示。

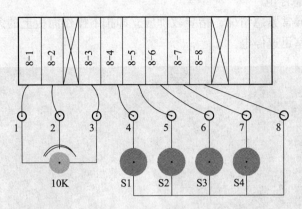

图附1-8 变频器输出部分端子接线图

9. 变频器部分端子接线如图附1-9所示。

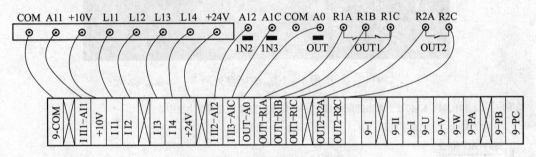

图附1-9 变频器部分端子接线

十、操作规程

1. 教师主控台

教师台外形如图附1-10所示,教师台总电源控制原理图见图附1-11。

在教师主控台右下方,设有抽屉式总电源控制面板,在控制面板上装有16个转换开关和一个急停按钮,用以控制整个实验室的总进线和每个学生实验台的电源,操作规程如下:

1)送电程序

(1)拉出实验台右下方的电源操作面板,将总进线转换开关 KA0 打到"ON"的位置,此时总进线接触器 KM0 闭合。

(2)将教师台转换开关 KA15 置于 ON,观察教师台左上方的橙色指示灯状态,灯亮为教师台已送电。

(3)依次将 KA1～KA14 转换开关置于 ON,相应学生台左上方的橙色灯被点亮,至此,完成学生台的送电工作。

2)停电次序

(1)依次将 KA1～KA14 转换开关置于 OFF,相应学生台停电;将教师台转换开关 KA15 置于 OFF,教师台停电。

（2）将 KA0 转换开关置于"OFF"，实验台全部停电。

（3）实验室紧急停电

当实验室出现异常紧急情况，指导教师应立即拍下操作面板上的急停按钮 JT0 总进线接触器断开，实验室迅速停电。

图附 1-10　教师台外形

说明：（1）301QM、KM0 置于教室的配电盘中，KM1-KM15 置于专用配电盘中。

　　　（2）KA0~KA15 置于教师台中。

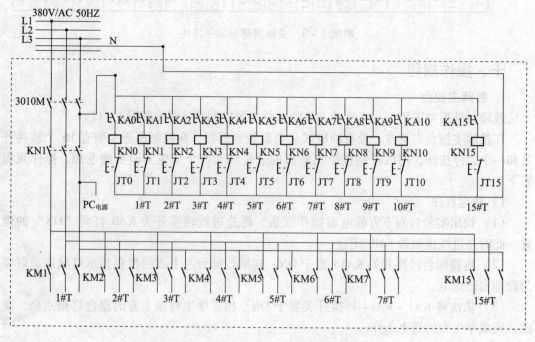

图附 1-11　教师台总电源控制原理

2. 学生实验台

学生台外形如图附 1 – 12 所示；学生台电源控制原理图见图附 1 – 13。

图附 1 – 12　学生台外形

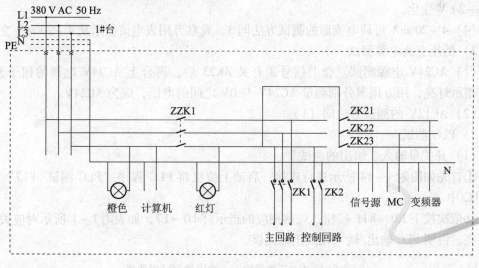

图附 1 – 13　学生台电源控制原理

1) 送电次序

（1）教师实验台给学生台送电后，观察面板左上方的橙色指示灯状态，灯亮为实验台已送电，否则未送电。

（2）实验台得电后，上位机即可送电，上位机电源不受总自动开关 ZZK1 的控制，此时依次给显示器、计算机送电。

（3）合上总自动空气开关 ZZK1，观察面板左上方的红色指示灯亮。

（4）根据需要分别合上 ZK21（变频器）、ZK22（PLC）、ZK23（信号源）开关，相应设备依次得电，观察响应设备灯亮。

（5）当做电机拖动实验时，需合上 ZK1（主回路电源）、ZK2（控制回路电源）自动开关。

2）停电次序

（1）首先关闭 ZK1、ZK2 开关。

（2）依次关闭 ZK21、ZK22、ZK23 开关，使变频器、PLC、信号源停电。

（3）关闭 ZZK1 开关，至此实验台全部停电。

（4）依次关闭计算机、显示器电源。

3）实验台紧急停电

当实验台发生异常紧急情况时，应立即拍下面板左上角的急停按钮 JT1，进线接触器 KM1 断开，实验台迅速停电。

3. 电气智能实验台测试大纲

1）低压直流电源测试

（1）±24 V 电源测试。合上信号源开关 ZK23 后，再合上 24 V 电源的钮子开关，相应指示灯亮，用万用表分别测量 ±24 V 与⏚之间的电压，应为 ±24 V。

（2）±12 V；±5 V 电源的测试方法同（1）。

（3）0~24 V 可调电压源的测试。合上信号源开关 ZK23，再合电源板上的钮子开关，用万用表测量输出端与⏚之间的电压值，由小—大调节电位器旋钮，观察万用表指示由 1.25~24 V 变化。

（4）4~20 mA 可调电流源的测试方法同 3，观察万用表电流指示从 4~20 mA 变化。

2）低压交流电源测试

（1）AC24V 电源测试。合上信号源开关 ZK23 后，再合上 AC24V 电源的钮子开关，相应指示灯亮，用万用表分别测量 AC24V 与 0V 之间的电压，应为 AC24V。

（2）AC12V 的测试方法同（1）。

3）PLC 测试

（1）开关量输入、输出的测试。

①首先如图附 1-14 所示进行连接，启动上位机将 PLC 程序"PLC 测试.PL7"下载到 PLC 中。

②依次按下 K0~K11 按钮，观察相应的指示灯 L0~L7，如表附 1-1 所示对应关系依次点亮，说明 PLC 输出/输入接线正确无误。

表附 1-1　开关量输入、输出的测试对照表

	L0	L1	L2	L3	L4	L5	L6	L7
K0	1							
K1		1						
K2			1					
K3				1				
K4					1			
K5						1		
K6							1	
K7								1
K8	1							

续表

	L0	L1	L2	L3	L4	L5	L6	L7
K9		1	1	1				
K10					1	1	1	
K11								1

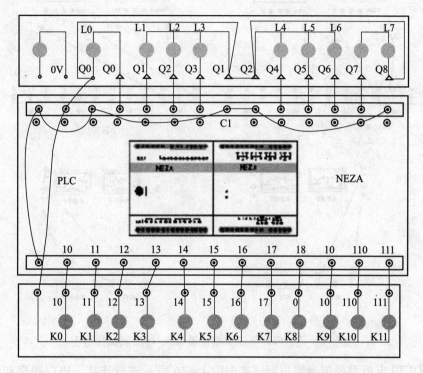

图附1-14 开关量输入、输出的测试接线图

（2）模拟量输入、输出的测试。本实验台选用的 PLC 有 4 路模拟量输入（分别为 IN0～IN3）；2 路模拟量输出（分别为 OUT0 和 OUT1）。其中每路模拟量输入、输出又分电流型（0～20 mA）和电压型（0～10 V）两种方式供用户选择，其内部寄存器的码值与外部实际输入、输出的量程对应关系如表附1-2 所示。

（3）IN0 电流型模拟量输入测试。如图附1-15 所示进行连接，将程序"PLC 测试. PL7"下载到 PLC 中，运行组态王，进入如图附1-16 所示画面，选择"PLC 测试"按运行，进入如图附1-17 所示画面。

表附1-2 模拟量输入、输出的测试量程对照表

内部码	IN0		IN1		IN2	
	电流	电压	电流	电压	电流	电压
0～4095	0～20 mA	0～10 V	0～20 mA	0～10 V	0～20 mA	0～10 V

内部码	IN3		OUT0		OUT1	
	电流	电压	电流	电压	电流	电压
0～4095	0～20 mA	0～10 V	0～20 mA	0～10 V	0～20 mA	0～10 V

（4）IN0 电压型模拟量输入测试。如图附 1 – 15 所示进行连接，PLC 程序和组态王程序与（1）中相同。

（5）IN1、IN2、IN3 的测试与 IN0 相同。

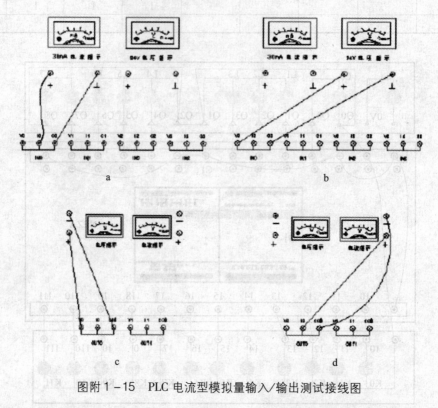

图附 1 – 15　PLC 电流型模拟量输入/输出测试接线图

（6）OUT0 电流型模拟量输出测试如图附 1 – 16 所示进行连接，PLC 程序和组态王程序与（1）中相同。

（7）OUT0 电压型模拟量输出测试。

如图附 1 – 15 所示进行连接，PLC 程序和组态王程序与（1）中相同。

（8）OUT1 的测试与 OUT0 相同。如果对应量程如表附 1 – 2 所示，说明 PLC 模拟量输入/输出接线正确无误。

4）信号源测试

（1）正弦波测试。合上信号源开关 ZK23，将测试线的 Q 头插入正弦波输出孔，另一侧与示波器输入端相接。先将方波启动开关置于"零位"，调整周期参数（如 10 ms），再将正弦波启动开关置于"上端"，适当调节幅度电位器，观察示波器波形为"正弦波"。

（2）三角波测试。测试方法同 1 启动开关置于"下端"输出三角波。

（3）方波测试。合上信号源开关 ZK23，将测试线的 Q 头插入方波输出孔，另一侧与示波器输入端相接。先将正弦波启动开关置于"零位"，调整周期参数（如 10 ms）、占空比参数（如 50%），再将方波启动开关置于"上端"，适当调整幅度电位器，观察示波器波形为"方波"。

（4）脉冲测试。测试方法同（3），区别在于占空比较小（如 1%），还需要设置脉冲个数。启动开关置于"下端"输出脉冲。

（5）注意：同时只能有一种信号输出。

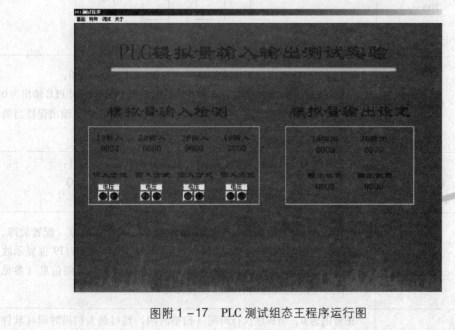

图附1-16　PLC测试组态王程序选择图

图附1-17　PLC测试组态王程序运行图

附录 2　NEZA 系列 PLC 系统位功能

系统位	功能	描述
%S0	冷启动	正常值为 0，置 1 时： ·电源恢复，数据丢失（电池故障） ·用户程序 该位在第一次完全扫描过程中置 1，并在下一次扫描之前复位为 0 关于操作信息
%S1	热启动	正常值为 0，置 1 时： ·电源恢复，并且保存数据 ·用户程序 ·终端（在数据编辑器中） 该位在第一次完全扫描结束且在更新输出之前由系统复位为 0 关于操作信息
%S4 %S5 %S6 %S7	时基 10 ms 100 ms 1 s 1 min	这些位状态的改变由一个内部时钟控制，而且不与 PLC 的扫描同步 例如：%S4
%S8	输出保持	初始值为 1，可以由程序或终端（在数据编辑器中）置 0： ·在状态 1 时，如果程序没有被正常执行或者 PLC 停止时 PLC 输出为 0 ·在状态 0 时，如果程序操作出错或者 PLC 停止时 PLC 输出保持当前状态
%S9	输出复位	正常值为 0，可以由程序或终端（在数据编辑器中）置 1： ·在状态 1 时，当 PLC 在 RUN 模式时 PLC 输出强置为 Q ·在状态 0 时，PLC 输出被正常刷新
%S10	I/O 故障	正常值为 1，当检测到主 PLC 或对等 PLC 上的 I/O 故障（配置故障、交换故障、硬件故障）时，该位被置 0。%SW118 和 %SW119 位显示故障在哪一个 PLC 上 %SW118 和 %SW119 字给出故障的详细信息（参见 5.3 节），当故障排除时，%SIO 位复位为 1
%S11	警戒时钟溢出	正常值为 0，当程序执行时间（扫描时间）超过最大扫描时间（软件警戒时钟）时，该位由系统置 1。警戒时钟溢出将导致 PLC 变为 STOP 状态
%S13	第一次扫描	正常值为 0，在 PLG 变为 RUN 之后的第一次扫描过程中，该位由系统置 1

系统位	功能	描述
%S17	进位溢出	正常值为0，以下情况将被系统值1： ·当无符号的算术运算（余数）进位溢出时 ·在循环或移位操作过程中，它表示1被移出 　在有溢出可能的地方，用户程序必须在每一次操作之后检查 该位是否有溢出危险，当溢出发生时，用户要将其复位为0
%S18	算术运算 溢出或出错	正常值为0，在执行16位运算溢出时置1，即： ·运算结果大于 +32767 或小于 −32768 ·0作除数 ·负数求平方根 ·BT 或 ITB 转换无意义：BCD 码的值超出范围 　在有溢出可能的地方，用户程序必须在每一次操作之后检查该位 　当有溢出发生时，用户要将其复位为0
%S19	扫描时间超限 （周期扫描）	正常值为0，当扫描时间超限（扫描时间大于用户在配置或在%SW0中设定的时间）时由系统置1 　此位由用户复位为0
%S20	索引溢出	正常值为0，当索引对象的地址小于0或大于最大值时，该位被置1 　在有溢出可能的地方，用户程序必须在每一次操作之后检查该区，当有溢出发生时，将其复位为0
%S50	使用字 %SW50 到 53 更新日期和时间	正常值为0，这个仅可以由程序或终端置1或置0 ·为0时，日期和时间可以读出 ·为1时，日期和时间可以被更新
%S51	实时时钟状态	·为0时，日期和时间已经设置好 ·为1时，日期和时间必须由用户来设置 　当这个位为1时，实时时钟数据为无效状态。此时，日期和时间可能未被设置，或者电池电压太低
%S59	使用字 %SW59 更新日期 时间	正常值为0，这个位可以由程序或终端置1或置0 ·为0时，日期和时间保持不变 ·为1时，日期和时间根据%SW59中设置的控制位增加或减少
%S70	更新交换字处 理 Modbus 请求	对于主PLC来说，当完成一次传送交换字%IW/%QW到对等PLC的完整周期时，该位就置为1 　对于每一个对等PLC，当对等PLC与主PLC完成接收并传送交换字时，该让就置为1 　该位由程序或终端复位为0 　当一个Modbus请求被处理时，该位就置1 　操作员可以使用这个位 　该位由程序或编程终端复位为0

系统位	功能	描述
%S71	通过扩展连接进行交换	初始值为0，当检测到一个通过扩展连接的交换时，该位置1 当没有通过扩展连接执行交换时，该位置0。主PLC的字%SW71显示了有效扩展的清单和状态
%S100	/DPT信号的状态	显示TER端口上的INL/DPT短接状态： ·未短接：Uni-telway主协议（%S100=0） ·短接状态：（/DPT为0V）协议由应用程序的配置（%S100=1）来定义
%S101	通信端口设置	当%S101=0（缺省）时，由EXCH指令控制的通讯数据由TER口发送/接收 当%S101=1，由EXCH指令控制的通讯数据由扩展通讯口发送/接收
%S118	主PLC故障	正常值为0，当检测到主PLC上的I/O故障时置1。字%SW118给出了故障的详细内容 当故障消失时，位%S118复位为0
%S119	对等PLC故障	正常值为0，当检测到I/O扩展上的I/O故障时置1。字%SW119给出了故障的详细内容 当故障消失时，位%S119复位为0
%SW0	PLC扫描周期	通过用户程序或编程终端（在数据编辑器中）修改在配置中定义的PLC扫描周期
%SW11	警戒时钟时间	读取警戒时钟时间（150 ms）
%SW14	Uni-telway超时	用于通过用户程序修改Uni-telway超时的值（参见通讯部分的7.3-3节）。
%SW15	PLC版本和UI	该字用于显示PLC的版本（高位字节）和它的UI（低位字节）。 例如：TSX08 NEZA为0X1019：PLC的版本为1.0，UI为27
%SW30	上一次扫描时间	显示PLC上一次扫描的执行时间（以ms为单位）。
%SW31	最大扫描时间	显示PLC上一次冷启动后最长的扫描执行时间（以ms为单位）。
%SW32	最小扫描时间	显示PLC上一次冷启动后最短的扫描执行时间（以ms为单位）。
%SW50 %SW51 %SW52 %SW53	实时时钟	包含当前日期和时间（BCD码方式）的系统字： %SW50：SSXN秒和星期（N=0为星期一到6为星期日） %SW51：HHMM时和分 %SW52：MMDD月和日 %SW53：CCYY世纪和年 当位%S50为0时，这些字由系统控制。当位%S50为1时，这些字可由用户程序或编程终端写入

续表

系统位	功能	描述
%SW52 %SW52 %SW52 %SW52	上次停机时间	该系统字包含上一次电源故障或PLC停止的日期和时间值（BCD码方式）： %SW54 = 秒和星期 %SW55 = 时和分 %SW56 = 月和日 %SW57 = 世纪和年
%SW58	上一次停止 的标记码	显示导致上一次停止的代码： 1 = 终端开关从RUN变为STOP 2 = 软件故障导致停止（PLC扫描过长） 4 = 停电 5 = 硬件故障导致停止
%SW59	调整当前实时时钟	·包含两组8位，用于调整当前的日期和时间。操作总是在位的上升沿执行，该字由%S59位使能。 <table><tr><th>增加</th><th>减小</th><th>参数</th></tr><tr><td>第0位</td><td>第8位</td><td>星期</td></tr><tr><td>第1位</td><td>第9位</td><td>秒</td></tr><tr><td>第2位</td><td>第10位</td><td>分</td></tr><tr><td>第3位</td><td>第11位</td><td>时</td></tr><tr><td>第4位</td><td>第12位</td><td>日</td></tr><tr><td>第5位</td><td>第13位</td><td>月</td></tr><tr><td>第6位</td><td>第14位</td><td>年</td></tr><tr><td>第7位</td><td>第15位</td><td>世纪</td></tr></table>
%SW67	Modbus帧 结束代码	用于在Modbus的结束帧设置"LF"（ASCII模式） 在冷启动时，该字由系统写为16#000A。当主PLC使用的帧结束字符不是16#000A时，用户可以使用程序或调整模式修改这个字
%SW68	接收的帧 结束代码 （ASCII）	用于设置帧结束的参数（ASCII模式）。一收到这个值立即停止接收。 默认值为：16#000D
%SW69	EXCH模块 出错代码	在使用EXCH块出错时，输出位%MSG.D和%MSG.E变为1 这个系统字包含出错的代码，其值如下： 0：无错误，交换正确 1：传送缓冲区太大 2：传递缓冲区太小 3：表太小 4：错误的Uni-telway地址（仅在Uni-telway模式） 5：超时（Uni-telway模式或Modbus主模式） 6：传送错误（仅在Uni-telway模式） 7：错误ASCII命令（仅在ASCII模式）

系统位	功能	描述
%SW69	EXCH 模块 出错代码	8：保留 9：接收错误（仅在 ASCII 模式） 10：%KWi 字表禁止 20：Modbus 从地址错误（在 Modbus Master 模式下） 21：NEZA 不支持的 Modbus 功能码（仅在 Modbus Master 模式） 22：重试次数无效（有效值为 0~3，仅在 Modbus Master 模式） 23：数据长度无效（Modbus Master 模式） 24：结束参数号（开始参数号十长度）无效（在 Modbus Master 模式下） 81：从 PLC 返回"非法功能码"信息 82：从 PLC 返回"非法数据地址"信息 83：从 PLC 返回"非法数据值"信息 84：从 PLC 返回"从设备失败"信息 85：从 PLC 返回"确认"信息 86：从 PLC 返回"从设备忙"信息 87：从 PLC 返回"未确认"信息 88：从 PLC 返回"内存奇偶校验错误"信息 每次使用 EXCH 块后，该字被清 0
%SW70	PLC 地址	包含如下信息： ·第 2 位：1 = 有调度模块（RTC） ·第 7、6、5 位：PLC 的地址（和 TSX08RCOM 上的旋转拨码开关位置相同）如果有 I/O 扩展 ·第 13 位：有一个 I/O 扩展
%SW71	远程扩展连接 上的设备	包含当前日期和时间（BCD 码方式）的系统字： %SW50：SSXN 秒和星期（N = 0 为星期一到 6 为星期日） %SW51：HHMM 时和分 %SW52：MMDD 月和日 %SW53：CCYY 世纪和年 当位%S50 为 0 时，这些字由系统控制。当位%S50 为 1 时，这些字可由用户程序或编程终端写入
%SW76 ∫ %SW79 %SW100	减计数字 1 ms 模拟量输入	这 4 个字用作 1 ms 定时器。如果它们的值为正，则每毫秒由系统分别减 1。这就构成了 4 个毫秒减计数器，相当于操作范围为：1ms 到 32767ms。设置第 15 位为 1 可以停止减操作。 模拟量输入功能命令字。 值为 0：模拟量输入无效 值为 1：无量程操作 值为 2：单极量程（周期 125 ms） 值为 3：双极量程（周期 125 ms） 值为 4：单极量程（周期 500 ms） 值为 5：双极量程（周期 500 ms） 该字必须由应用程序进行写操作。

续表

系统位	功能	描述
%SW101	模拟量输入	该字包含采集模拟量输入的值。其值的范围取决于%SW100 的选择。 %SW100 = 0;%SWI 01 = 0; %SW100 = 1;%SW101 从 0 到 1000 变化; %SW100 = 2 或 4;%SW101 从 0 到 1000 变化; %SW100 = 3 或 5;%SW101 从 – 10000 到 10000 变化
%SW102	模拟量输出	模拟量输出功能命令字。 值为 0:正常%PWM 操作 值为 1:无量程操作 值为 2:单极量程　模拟%PWM 值为 3:双极量程 该字必须由应用程序进行写操作
%SW103	模拟量输出	该字包含将应用于模拟量输出的值。其值的范围取决于%SW102 的设置 %SW102 = 0;%SW103 = 0
%SW103 续		%SW102 = 1;%SW103 在 5 和 249 之间; %SW102 = 2;%SW103 在 0 和 10000 之间; %SW102 = 3;%SW103 在 – 10000 和 10000 之间。 该字必须由应用程序进行写操作
%SW110	加/减计数器	在输入%I0.4 的上升沿读取计数器的值
%SW111	高速计数器	第 1 位:1 = 高速计数器（直接）输出使能 第 2 位:1 = 选择频率计的时基门 第 3 位:1 = 更新%FC 频率（此位由用户复位到 0）
%SW114	调度模块使能	由用户程序或编程终端使能或禁止调度模块（RTC）的操作。 第 0 位:1 = 使能调度模块#0 …… 第 15 位:1 = 使能调度模块#15 初始时所有调度模块都是使能的
%SW116	模拟量模块（EA4A2）设置	%SW116 的第 0 ~ 11 位对应模拟量模块的安装位置: 相应的位为 0 则模拟量输入为电压输入，相应的位为 1 则模拟量输入为电流输入

系统位	功能	描述
%SW117	模拟量模块（EAV8A2/EAP8）设置	%SW117 的高 8 位为模拟量模块的输出信号设定： 15　　　　　　　　　　　　　87　　　　　　　　0 ＊　　　　　　＊ 15 8 7 0 ＊＊＊ = 00 模拟量输出为 4 mA 恒定电流输出 ＊ = 01 模拟量输出通道 0 为 0~2 mA 可调，通道 1 为 4 mA 恒定电流输出 ＊ = 02 模拟量输出通道 0，1 均为 0~2 mA 可调 %SWl17 的低 8 位为模拟量模块的输入信号设定： 8 位分别对应于 8 路模拟量输入： 相应的位为 0 则模拟量输入为 0~5 V 电压输入； 相应的位为 1 则模拟量输入为 PT100 温度信号输入。
%SW118	主 PLC 状态	显示主 PLC 上检测到的故障。 第 0 位：0 = 其中一个输出断开 第 3 位：0 = 传感器电源故障 第 8 位：0 = NEZA 内部故障或硬件故障 第 9 位：0 = 外部故障或通讯故障 第 11 位：0 = PLC 执行自检 第 13 位：0 = 配置故障（I/O 扩展已配置但不存在或错误） 这个字的其他所有位为 1 而且保留未用。因此对于一个没有故障的 PLC，这个字的值为：16#FFFF。
%SW119	对等 PLC I/O 的状态	显示对等 PLC I/O 上检测到的故障（这个字只能被主 PLC 使用）。这个字各位的分配和%SW118 相同，除了： ·第 13 位：没有意义 ·第 14 位：尽管对等 PLC 在初始化时还存在，现在丢失